中 外 物 理 学 精 品 书 系
本书出版得到"国家出版基金"资助

中外物理学精品书系

引进系列·1

有机电致发光
——从材料到器件

【日】城户淳二 著

翻译 肖立新 陈志坚 苏仕健
　　 魏 斌 李廷希 李 崇
　　（排名不分先后）
审校 肖立新 陈志坚 龚旗煌

著作权合同登记号：图字 01-2011-2939 号

图书在版编目(CIP)数据

有机电致发光：从材料到器件/(日)城户淳二著；肖立新等译. —北京：北京大学出版社，2012.2
（中外物理学精品书系）
ISBN 978-7-301-20173-2

Ⅰ.①有… Ⅱ.①城… ②肖… Ⅲ.①电致发光-发光材料 ②电致发光-发光器件 Ⅳ.①TB39 ②TN383

中国版本图书馆 CIP 数据核字(2012)第 018058 号

YUUKI EL NO SUBETE
Copyright © 2003 Junji Kido
Original Japanese edition published in 2003 by NIPPON JITSUGYO Publishing Co., Ltd.
Simplified Chinese Character rights arranged with NIPPON JITSUGYO Publishing Co., Ltd,
through Owls Agency Inc., Tokyo.
中文简体版由北京大学出版社出版

书　　名：	有机电致发光——从材料到器件
著作责任者：	〔日〕城户淳二　著　肖立新　陈志坚　等译
责任编辑：	刘　啸
标准书号：	ISBN 978-7-301-20173-2/O·0865
出版发行：	北京大学出版社
地　　址：	北京市海淀区成府路 205 号　100871
网　　址：	http://www.pup.cn
电　　话：	邮购部 62752015　发行部 62750672　编辑部 62752038 出版部 62754962
电子邮箱：	zpup@pup.pku.edu.cn
印　刷　者：	北京中科印刷有限公司
经　销　者：	新华书店
	730 毫米×980 毫米　16 开本　10 印张　164 千字 2012 年 2 月第 1 版　2015 年 2 月第 2 次印刷
定　　价：	27.00 元

未经许可，不得以任何方式复制或抄袭本书之部分或全部内容。
版权所有，侵权必究
举报电话：010-62752024　电子邮箱：fd@pup.pku.edu.cn

《中外物理学精品书系》
编 委 会

主　任：王恩哥

副主任：夏建白

编　委：(按姓氏笔画排序，标 * 号者为执行编委)

王力军	王孝群	王　牧	王鼎盛	石　兢
田光善	冯世平	邢定钰	朱邦芬	朱　星
向　涛	刘　川*	许宁生	许京军	张　酣*
张富春	陈志坚*	林海青	欧阳钟灿	周月梅*
郑春开*	赵光达	聂玉昕	徐仁新*	郭　卫*
资　剑	龚旗煌	崔　田	阎守胜	谢心澄
解士杰	解思深	潘建伟		

秘　书：陈小红

序　言

物理学是研究物质、能量以及它们之间相互作用的科学。她不仅是化学、生命、材料、信息、能源和环境等相关学科的基础，同时还是许多新兴学科和交叉学科的前沿。在科技发展日新月异和国际竞争日趋激烈的今天，物理学不仅囿于基础科学和技术应用研究的范畴，而且在社会发展与人类进步的历史进程中发挥着越来越关键的作用。

我们欣喜地看到，改革开放三十多年来，随着中国政治、经济、教育、文化等领域各项事业的持续稳定发展，我国物理学取得了跨越式的进步，做出了很多为世界瞩目的研究成果。今日的中国物理正在经历一个历史上少有的黄金时代。

在我国物理学科快速发展的背景下，近年来物理学相关书籍也呈现百花齐放的良好态势，在知识传承、学术交流、人才培养等方面发挥着无可替代的作用。从另一方面看，尽管国内各出版社相继推出了一些质量很高的物理教材和图书，但系统总结物理学各门类知识和发展，深入浅出地介绍其与现代科学技术之间的渊源，并针对不同层次的读者提供有价值的教材和研究参考，仍是我国科学传播与出版界面临的一个极富挑战性的课题。

为有力推动我国物理学研究、加快相关学科的建设与发展，特别是展现近年来中国物理学者的研究水平和成果，北京大学出版社在国家出版基金的支持下推出了《中外物理学精品书系》，试图对以上难题进行大胆的尝试和探索。该书系编委会集结了数十位来自内地和香港顶尖高校及科研院所的知名专家学者。他们都是目前该领域十分活跃的专家，确保了整套丛书的权威性和前瞻性。

这套书系内容丰富，涵盖面广，可读性强，其中既有对我国传统物理学发展的梳理和总结，也有对正在蓬勃发展的物理学前沿的全面展示；既引进和介绍了世界物理学研究的发展动态，也面向国际主流领域传播中国物理的优秀专著。可以说，《中外物理学精品书系》力图完整呈现近现代世界和中国物理科学发展的全貌，是一部目前国内为数不多的兼具学术价值和阅读乐趣的经典物理丛书。

《中外物理学精品书系》另一个突出特点是，在把西方物理的精华要义"请进来"的同时，也将我国近现代物理的优秀成果"送出去"。物理学科在世界范围内的重要性不言而喻，引进和翻译世界物理的经典著作和前沿动态，可以满足当前国内物理教学和科研工作的迫切需求。另一方面，改革开放几十年来，我国的物理学研究取得了长足发展，一大批具有较高学术价值的著作相继问世。这套丛书首次将一些中国物理学者的优秀论著以英文版的形式直接推向国际相关研究的主流领域，使世界对中国物理学的过去和现状有更多的深入了解，不仅充分展示出中国物理学研究和积累的"硬实力"，也向世界主动传播我国科技文化领域不断创新的"软实力"，对全面提升中国科学、教育和文化领域的国际形象起到重要的促进作用。

值得一提的是，《中外物理学精品书系》还对中国近现代物理学科的经典著作进行了全面收录。20世纪以来，中国物理界诞生了很多经典作品，但当时大都分散出版，如今很多代表性的作品已经淹没在浩瀚的图书海洋中，读者们对这些论著也都是"只闻其声，未见其真"。该书系的编者们在这方面下了很大工夫，对中国物理学科不同时期、不同分支的经典著作进行了系统的整理和收录。这项工作具有非常重要的学术意义和社会价值，不仅可以很好地保护和传承我国物理学的经典文献，充分发挥其应有的传世育人的作用，更能使广大物理学人和青年学子切身体会我国物理学研究的发展脉络和优良传统，真正领悟到老一辈科学家严谨求实、追求卓越、博大精深的治学之美。

温家宝总理在2006年中国科学技术大会上指出，"加强基础研究是提升国家创新能力、积累智力资本的重要途径，是我国跻身世界科技强国的必要条件"。中国的发展在于创新,而基础研究正是一切创新的根本和源泉。我相信,这套《中外物理学精品书系》的出版,不仅可以使所有热爱和研究物理学的人们从中获取思维的启迪、智力的挑战和阅读的乐趣,也将进一步推动其他相关基础科学更好更快地发展,为我国今后的科技创新和社会进步做出应有的贡献。

《中外物理学精品书系》编委会 主任
中国科学院院士,北京大学教授
王恩哥
2010年5月于燕园

内 容 简 介

本书主要从材料、器件结构、器件物理等方面介绍了有机电致发光(有机EL,也称做OLED)的原理及物理机制,并对OLED器件的驱动(薄膜晶体管)机理,以及显示屏的构造、工作机制、制造方法等作了详细介绍.本书语言浅显易懂,图文并茂,并结合作者自己(日本有机电致发光器件国家项目的首席科学家)的研究工作,对有机电致发光的研究历史、首次白光的产生过程、有机电致发光器件的产业化应用前景,以及产业化过程中需要应对的专利策略等进行了深入而独特的介绍.

本书是物理、化学、材料、电子信息专业的高年级本科生、研究生,以及从事这方面工作(如OLED材料、装置、显示屏等)的研究者和制造商的一本非常有价值的参考书.

中译本序言

从 20 世纪 20～30 年代开始发展的固体物理学和固体化学,以 40 年代末晶体管的发明为标志,开辟了半导体科学技术这样一个蓬勃发展、影响巨大的领域. 但它的主要研究对象是无机固体,典型的对象就是硅、锗、砷化镓、氮化镓及其合金等. 这些无机固体的物理和化学研究的深入,带来的技术进步和对社会发展的影响是众所周知的. 人们常常说信息时代,信息技术的基础就是硅的集成电路和各种半导体器件.

也是从 20 世纪 40 年代开始,一个研究有机固体的物理和化学的学科领域开始逐步成长. 随着研究的深入,不仅揭示出有机固体和无机固体的许多不同,丰富了固体物理这个学科的内容,而且,类比于半导体科学技术,在信息技术、能源技术、生物技术等方面,具有重大应用潜力的有机固体应用领域正在不断涌现. 有机电致发光这个领域就是其中突出的一个.

有机电致发光这个领域,在我们中国通常习惯用有机发光二极管(OLED)这样一种器件的名称来简称. 20 世纪 80 年代末,在美国柯达公司工作的华裔科学家邓青云最先开拓了这个应用领域. 现在,已经没有人会怀疑,至少在照明和显示这两个重要的技术领域,OLED 会占有重要的份额. 特别是在平板显示这个领域,由于电脑、笔记本电脑、电视、手机、电子书等产业的发展,"大屏小屏人人有"这句话已经成为现实. 平板显示从产业规模、应用广泛性等方面来说,已经像集成电路、光纤技术等一样,既是一个基础工业又是一个高新技术产业. 对中国这样一个发展中的人口大国来说,就更是这样.

目前在平板显示产业中，占据主要位置的当然是液晶显示技术．对于这门在 20 世纪 80～90 年代发展成熟的产业，我国却因为一系列主客观的失误而没能掌握其核心技术和自主研制其主要设备．于是，尽管平板显示产业在我国有很大的产能和很大的需求，甚至可以说我国具有世界上最大的产能和最大的需求，但实质上却总是"受制于人"，经济上几乎可以说是"无利可图"．因此，许多人现在都在关心"液晶后"的主要平板显示技术会是什么，关心在"液晶后"时代，我国能否摆脱目前的这种局面．从各个方面看，显然，在不久的将来，可以与液晶技术比拟，甚至超过液晶技术的首选就是 OLED 平板显示技术．所以，抓紧开展 OLED 平板显示技术的研究，开展相关技术的准备，以及开展与之联系的学科研究和储备，对我国的经济发展就有着十分紧迫的意义．考虑到目前世界经济局势，认识到我国面临的国际竞争，就更能理解其紧迫性．

在这样的背景下，译者们介绍的这本小书，就可以说是完全必要的和十分及时的．这本书的作者是一位在发展 OLED 技术上有杰出贡献的科学家，而且是日本在 OLED 技术上走向产业化的主要"领军人"之一．这本书内容全面、语言显浅、图文并茂、可读性很强．虽然是在 2003 年出版的，但多数内容都没有过时．其中许多关于发展产业的意见，尽管说的是日本的问题，但也是值得我们思考的．译者也都是在相关方面做过研究工作的学者．译文忠实流畅，也是一个突出的优点．

中科院院士　甘子钊
2011 年 11 月

原 版 前 言

"有机 EL"作为 21 世纪日本的新兴技术一跃而受到极大的关注.虽然有些人对所谓"纳米技术"、"信息移动化技术"的含义或多或少有些了解,但是一定还有很多人不知道究竟什么是有机 EL.

所谓的有机 EL(electroluminescence),就是在玻璃、塑料等的表面涂上有机物,并通上电流使有机物发出美丽的光的一种技术.有机物被人们认定是绝缘体,但是有些物质通上电流(导电性)却可以发光,像萤火虫的发光一样.这是由高超的人工技术产生出的在自然界真实存在着的"有机的光".

那么,有机 EL 可以应用在哪些地方呢? 我们日常使用的电视机、计算机、手机的显示屏还有家用电器的显示面板等,现在还都是使用液晶,有机 EL 比液晶要更加美丽、更加超薄,不像液晶受视角的限制,而且便宜.最近常听到人们说与超薄的有机 EL 相比,等离子显示器成了又重又厚的商品了.

实际上,如果使用有机 EL,能够实现比纸还薄的显示器——"电子纸",可以像薄膜那样卷起来随身携带,想看的时候展开即可.该技术现已有试制品,相信不久的将来会作为商品大量上市.

不仅如此,有机 EL 还能够用于照明,这是继爱迪生之后的大革命.白炽灯为"点光源",荧光灯是"线光源",而有机 EL 的照明是"面光源",用整个面发光.在整个天花板上粘贴上有机 EL 照明设备的话就不会有影子,而且很明亮.汽车的车灯使用纸一样薄的有机 EL 照明设备,可以有效地利用空间.

如以上所述,有机 EL 带来了很大的冲击,再加上有机 EL 应用十分广泛,我们将 2003 年作为有机 EL 的新起点,定为"有机 EL 元年"。作为手机的显示屏,有机 EL 不断代替液晶频频上市。不仅是色彩、精细度、亮度等,其他性能与美观也远比液晶好,被称为"完美的显示器"。从美国曾经为防范日本的高清晰度技术,以国防理由限制其规格的历史来看,显示器技术实际上是国家的战略技术,而目前有机 EL 就是其中的最尖端技术。

在有机 EL 技术萌芽时,几乎只有日本独家研发,终于开发出日本最具原创性、最尖端的技术,预计 2010 年将开花结果。日本不仅仅在显示器,在其他领域中也有巨大的技术优势。在有机 EL 方面,目前日本领先其他国家和地区处于绝对领导地位,但韩国、中国台湾处于追赶趋势。面对这种局面,应该如何采取对策?

我于 2002 年秋季开始担任经济产业省的有机 EL 研究国家项目的首席科学家,与国内的大学、企业联合协作,正在采用秘密技术开展有机 EL 相关的几个大项目研究。关于这一点在本书中也有所说明,并认为这将关系到日本技术立国的成功与否。

本书写给与有机 EL 相关的材料、装置、显示屏等的制造商,以及照明、印刷等关联的各种企业,还有相关专业的学生等。从有机 EL 的组成结构、制造方法、材料的设计到日本企业的战略等关于有机 EL 的各个方面,尽量写得让初次接触有机 EL 的人们也能理解,尽可能让更多的人了解有机 EL。

在很多厂家的协助下,本书收集了最新的照片,也制作了大量的图表,并且为帮助读者进行理解,在页面下栏配有"城户注解"(编者注:中译本改为页下注)。

本书若能在读者对有机 EL 的理解方面起到一丝帮助的话,我将深感荣幸。

城户淳二
2003 年 1 月

目　录

第 1 章　有机 EL 时代来临 …………………………………… (1)
§1.1　下一代显示器的最具优势技术 ……………………… (1)
§1.2　凌驾于液晶之上的有机 EL …………………………… (7)

第 2 章　有机 EL 的结构 ……………………………………… (12)
§2.1　"有机、无机"和"小分子、高分子" …………………… (12)
§2.2　1987 年的突破 ………………………………………… (15)
§2.3　柯达、CDT 的创意 …………………………………… (17)
§2.4　多层结构 ……………………………………………… (19)
§2.5　探究"发光原理" ……………………………………… (22)
§2.6　"R+G+B"非"白"也 ………………………………… (30)

第 3 章　从器件的制备到封装 ………………………………… (36)
§3.1　OLED 整体的工艺流程 ……………………………… (36)
§3.2　从 ITO 到发光层的沉积 ……………………………… (36)
§3.3　真空蒸镀和掩膜板方法——小分子材料 …………… (40)
§3.4　旋涂技术和喷墨打印工艺——高分子材料 ………… (45)
§3.5　阴极隔离柱的想法 …………………………………… (48)
§3.6　参观成膜工艺的现场 ………………………………… (50)
§3.7　参观封装工艺的现场 ………………………………… (53)
§3.8　不用玻璃盖封装，直接采用薄膜封装 ……………… (55)

第 4 章　显示技术和市场 ……………………………………… (58)
§4.1　两种驱动方法 ………………………………………… (58)
§4.2　电视机是顶发射型显示 ……………………………… (64)
§4.3　全彩的原理 …………………………………………… (65)
§4.4　挑战显示屏市场 ……………………………………… (70)

第 5 章　照明世界将改变，电子纸将诞生 …………………… (78)
　§5.1　照明世界将改变 ……………………………………… (78)
　§5.2　爱迪生之后最大的照明革命 ………………………… (80)
　§5.3　电子新闻报纸的冲击 ………………………………… (82)

第 6 章　有机 EL 材料是有机 EL 的根本 …………………… (88)
　§6.1　有机 EL 材料是如何制备的 ………………………… (88)
　§6.2　有机 EL 器件的结构中各层的适用材料也有差异 … (91)
　§6.3　发光材料是有机 EL 的关键 ………………………… (94)
　§6.4　传输层、注入层材料的探索 ………………………… (99)
　§6.5　电极材料的探索 ……………………………………… (102)
　§6.6　基板是全部器件的基础 ……………………………… (104)
　§6.7　是小分子好还是高分子好 …………………………… (106)

第 7 章　有机 EL 领域应解决的课题是什么 ………………… (108)
　§7.1　目标是长寿命化 ……………………………………… (108)
　§7.2　大型化的手段 ………………………………………… (113)
　§7.3　高效率化的方法 ……………………………………… (115)

第 8 章　如何让日本在有机 EL 产业上取得优胜 …………… (119)
　§8.1　在有机 EL 产业上日本有没有胜算 ………………… (119)
　§8.2　对柯达专利、CDT 专利的应对策略 ………………… (123)
　§8.3　集中研发的国家项目 ………………………………… (128)
　§8.4　有机 EL 产业集群是对企业的支持 ………………… (131)
　§8.5　日韩企业经营者的不同 ……………………………… (133)
　§8.6　应该更善于使用大学的智慧 ………………………… (137)
　§8.7　结尾：体验新的胜利感觉 …………………………… (138)

缩略语简表 ……………………………………………………… (141)
主要公司和商企 ………………………………………………… (142)
译者后记 ………………………………………………………… (143)

第1章 有机 EL 时代来临

§1.1 下一代显示器的最具优势技术

有机 EL(electroluminescence,电致发光)[①],表示有机 EL 元器件或者有机 EL 显示器,它是下一代平板显示器的最具优势技术.

显示器有很多种.首先是电视机(大型和中小型),占据了显示器市场的 30%.电脑用显示器(笔记本、台式机)占领市场份额更多,有 50%.然后是手机、PDA(掌上电脑)、数码相机等的显示器和车载用的显示器占据了剩余的市场.

作为第一代显示器,最先面世的是显像管(阴极射线管,CRT)电视.显像管电视的显像能力虽然高,但是随着屏幕的变大,整体成比例地向宽厚发展,变得很重.整体的厚度是最大的缺点.另外也很耗电.电脑用的 CRT 也是同样的显像管显示器.

打破这一僵局的是"液晶显示器".液晶最大的特点就是薄和平面.刚开始,液晶显示器用在电子计算器上,后来随着液晶技术的改良而广泛应用于家电产品的显示屏、电脑显示器中,并打开了绝对不可能运用 CRT 的笔记本电脑的新市场,同时也成为手机、PDA、数码相机用显示器不可或缺的部件.随后液晶电视也被开发出来.作为第二代显示器,液晶最大的贡献大概就在于使"轻薄平板显示器"成为可能.

然而,液晶的薄的优点只是作为对抗 CRT 的武器,实际上液晶作为显示器的基本能力在后来的实践中可以看出并不高.从上面、下面或者侧面看会有颜色变化或颠倒,不能适应高速的动态画面等等缺陷所达到的程度有些令人意想不到,这也是液晶的不足.

1.1.1 "超越液晶的技术"来临

克服液晶缺陷并有望取代液晶的技术包括有机 EL、等离子显示器(PDP:

[①] 有机 EL(electroluminescence):在有机物中通电流使其发光的技术. EL 是 electroluminescence 的缩写,不是 electro luminescence.

plasma display panel)、场发射显示器(FED：field emission display)[1]等新一代平板显示器的候补者.然而为什么其中的"有机 EL"才是下一代的最具优势的技术呢？原因从表 1.1 和图 1.1 中显而易见.

表 1.1　2010 年各种显示器需求预测

用途 显示器	电视用		个人电脑用		移动电话，PDA，数码相机等	汽车用显示面板	总需求（万亿日元）	
	中小型（≤29英寸）	大型（≥30英寸）	笔记本	台式机			2000年	2010年
	2000年　2010年	2000年　2010年	2000年　2010年	2000年　2010年	2000年　2010年	2000年　2010年		
需求规模（万亿日元）	1.2　2.5	0.3　1.5	1.1　2.2	1.5　3.4	1.0　2.0	0.1　0.3	5.1	11.9
	2000年　2010年						2000年	2010年
阴极射线管	◎→○	○→—	◎→○	◎→△	—→—	—→—	2.3	1.1～2.0
液晶（LCD）	△→○	—→△	◎→◎	○→◎	◎→◎	◎→◎	2.7	2.8～6.0
等离子（PDP）	—→—	○→○	—→—	—→—	—→—	—→—	0.1	0.2～0.6
有机 EL	—→○	—→△（注1）	—→◎	—→◎	△→◎	—→○	—	2.5～5.7
FED	—→△	—→◎	—→—	—→◎	—→△	—→○	—	0.5～2.4

（注1）有机 EL 的发光效率已大幅度增加,若能够实现被动驱动方式,或实现以有机半导体驱动的大型显示器时,记号改为○.[2]

（注2）液晶与有机 EL 在 2010 年间,将竞争 7.1 万亿～9.9 万亿日元的市场,由于有机 EL 的性能逐渐提升,它们的市场份额将大幅度改变.

资料来源：日本经济产业省技术调查室《技术调查报告（第 1 号）》

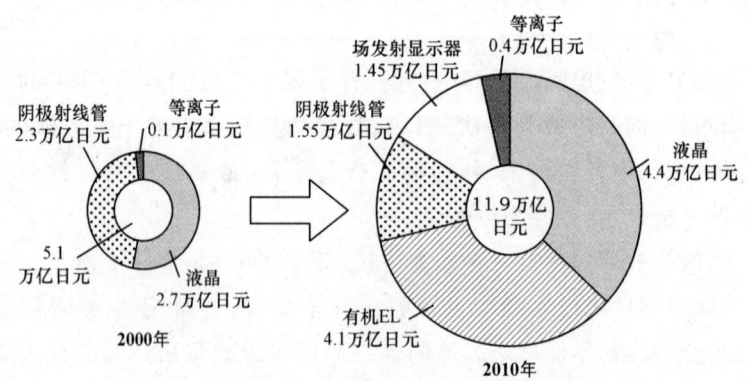

图 1.1　2010 年日本有机 EL 分布情况预测
2010 年数值使用日本经济产业预测值的中间值

---

[1]　PDP：plasma display panel. 与液晶显示器在两张板间填充液晶相对应,PDP 以在同样的两块板间填充气体为特色. 有机 EL 只需要一张基板就可以.
　　FED：field emission display. 和阴极射线管原理相同,也需要两块基板.

[2]　发光效率大幅度地提高,非晶硅 TFT（薄膜晶体管）驱动的有机 EL 显示屏将会成为可能,大小到 40 英寸（1 in＝2.54 cm）没有问题. 从△变更为○.

出自经济产业省的这份图表对 2000 年和 2010 年（预测）市场做了比较. 这是对整个世界市场而不仅仅是日本市场的比较. 其实, 日本、韩国和中国台湾拥有世界显示器市场的大半占有率, 比起日本国内相对狭窄的市场范围而言, 此表更具有现实意义.

显像管（CRT）在 2010 年除了中小型电视机以外已经变得几乎没有用武之地. 液晶的市场份额虽然从 2000 年的 2.7 万亿日元增长到 2010 年的 4.4 万亿日元（取 2010 年预测值的中间值. 下同）, 但从整个市场的扩大来看（5.1 万亿到 11.9 万亿日元）, 占有率反而有了很大下降.

是什么作为下一代显示器并代替液晶的呢？

首先, 从表 1.2 中可以看出, 最近频繁出现在"大型电视"的广告中的 PDP, 实际上只能适用于电视, 甚至只是大型电视, 要使它中小型化非常困难, 而且由于发光器件寿命[①]短, 容易产生烧蚀. 因此, 2010 年它的预计需求量仅为 4000 亿日元. 另外, PDP 的制造工程和液晶一样极其复杂, 很难降低成本. 2002 年 12 月, 日本 5 家 PDP 的大型企业为了达到减少成本的目的发布过共同开发的声明. 但从后来竟然有被 FED 超过的预测来看, 降低成本确实很难.

表 1.2　显示技术性能比较

显示器	现状（实用化阶段）	未来发展
阴极射线管 （CRT）	·TV 主流使用 ·大量生产	·低成本高画质 ·耐久性好 ·无法成为较薄的产品 ·发展前途有限
液晶（LCD）	·笔记本 PC、 移动电话等 ·大量生产	·以中小型为中心, 市场地位将持续一段时间 ·耗电量比阴极射线管（CRT）低 ·耐久性好 ·存在亮度与显示速度等问题
等离子显示 （PDP）	·薄型、大屏幕 TV 产品化已 完成	·大屏幕薄型展示用监视器或大型 TV 相当普及 ·耗电量高, 生产成本高 ·像素高精细化困难

---

① 器件的寿命：一般将连续驱动条件下器件的亮度减半时的时间称做寿命. 对动画来说基本没有问题, 但是对计算机用显示屏等需要长时间显示同样的文字的场合就是一个大问题.

(续表)

显示器	现状(实用化阶段)	未来发展
有机 EL	·部分移动电话的产品化已完成	·应用于移动电话等携带用机器、TV、个人电脑等广泛的用途 ·目前,耗电量比阴极射线管低,大概与液晶差不多 ·高画质 ·目前仍存在耐久性的问题 ·发光效率与高耐久性的研发仍为今后课题
场发射显示器(FED)	·试制阶段	·若确立薄型与大面积技术时,将可能取代 PDP ·耗电量比阴极射线管(CRT)低 ·高画质 ·将来可以中小型化

资料来源:日本经济产业省技术调查室《技术调查报道(第 1 号)》

　　FED(场发射显示器),简单地说就是"显像管薄型化". 最近,因为纳米管技术的应用,从技术层面上来看有一定的吸引力. 然而,现实中的商品化却还是相当遥远的事,至少现阶段没有看到什么进展.

　　再看 EL. 使用无机荧光体的无机 EL(见图 1.2)已经商品化. 特别是薄膜无机 EL 这个类型,因为耐久性好,已被用于 FA(工厂自动化)器材和车载用品上. 但由于蓝色发光器件的问题,它还没能实现全彩色化. 而且虽然十几年前它就装载于日本语打字机上,但终因高电压、交流电源驱动等使其消耗电力太大而在和液晶的竞争中败北. 最近,使用加拿大 IFIRE 公司技术的蓝色厚膜无机 EL 器件,在亮度和效率上都有提升,三洋电机和 TDK 正在进行其在大型全色显示屏上运用的开发. 但是,若考虑其在手持移动设备中的应用,大量的电力消耗成为其致命伤. 而在 30 英寸大小的电视机、显示器市场上,显像管、液晶、PDP 正激烈交锋. 无机 EL 面临着不知该从何处切入市场的严峻局面.

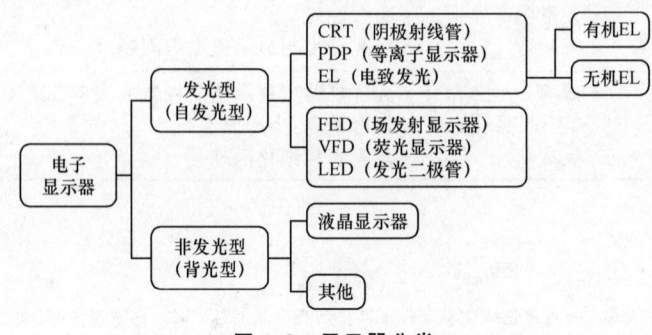

图 1.2　显示器分类

§1.1 下一代显示器的最具优势技术

另外,在高分子中分散添加无机荧光体粉末,用塑料薄膜做基板的高分子分散无机 EL① 器件,因其薄而部分用于钟表和海报的背光.但因其亮度不高,寿命只有数千小时之短,所以尽管价格便宜也不能普及.和薄膜无机 EL 一样,它也需要高电压和交流电源驱动,需要变压器.特别是大面积发光器件更会面临使用巨大的变压器和噪声等问题.

1.1.2 在显示器市场全方位发挥作用的有机 EL

那么,有机 EL② 又如何呢?实际上,Pioneer(先锋)公司在 1997 年率先推出了有机 EL 产品"有显示面板(看得见)的收音机"③(图 1.3),并作为汽车音响和携带电话的显示屏在海外销售.2003 年将会正式投入市场.从图 1.1 中可看出,据预测,有机 EL 在 2010 年将有 4.1 万亿的市场额,将会是 PDP 的 10 倍,成为一举赶上甚至可能超越液晶的关键技术.其中的注 2 还指出,在液晶和有机 EL 的激烈竞争下,"根据有机 EL 性能提升的程度,将来占有率有发生巨大变化的可能性".

图 1.3 世界上最早的有机 EL 产品

实际上,作为"有机 EL 唯一的缺点"的寿命问题,在近 2～3 年有了飞跃式的改善.在 2002 年一年中就不断有"10 万小时以上"的器件被开发出来,而此前的寿命不过是 1 万～2 万小时.性能的飞跃发展十分显著.

有机 EL 的优势不仅仅在于其绝佳的性能(稍后有与液晶的对比),更在于它可适用于从电视、手提电脑、移动电话到车载显示屏等全体显示器市场.目前,15～17 英寸的电视机正在反复试制中,另外将 60 英寸的大型电视列入开发的计划也在进行着.

1.1.3 改观照明市场,电子纸式有机 EL

在前文中,笔者有把有机 EL 称为"下一代平板显示器的最具优势技术"

---

① 高分子分散无机 EL 和高分子有机 EL 是完全不同的,需要引起注意!
② 有机 EL 的驱动原理和使用无机化合物的 LED 同样是电荷注入型,在欧美被称做有机(organic)LED.最近,在日本国内有机 LED 的叫法也多了起来.
③ 先锋最初的制品"看得见的收音机"几乎是手工制作,获得了美国显示学会奖.

的说法,实际上这并不完全正确.因为有机 EL 的应用范围并不仅仅停留于显示器市场.它作为照明市场新的标杆,正在拉开人类迄今为止尚未体验过的"电子纸"①(显示纸)这一全新世界(市场)的序幕.(图 1.4)

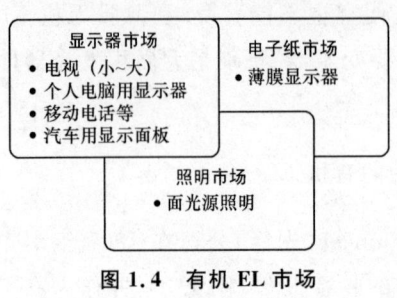

图 1.4 有机 EL 市场

迄今为止的照明是以爱迪生发明的白炽灯(灯泡)和荧光灯为主.白炽灯是点光源,荧光灯是线光源.与此相对,有机 EL 是以整体的面为光源的新型光源体——面光源.而且有机 EL 光源既明亮又非常的薄,可以贴在任何地方.要是在天花板上贴上有机 EL 照明设备,那么就连房间的边角也会有像垂落的窗帘一般的光芒从上而降.②

如果能做出蓝色的有机 EL,那么红色、黄色以及其他任何颜色都可以调制出来.这些特定颜色可以用于彩色灯饰.而白色有机 EL 本身就已经能制作出来了,可以直接将它用作"普通照明器具".这点很重要.它的耗电量已经能够达到低于白炽灯,高于荧光灯的水平,可以预见将来它的耗电量可能低于荧光灯.

还有一点,有机 EL 的另一个不容忽视的市场是"电子纸",人类历史上完全崭新的商品.在拥有"纸+电子显示屏"的便利性的电子纸领域,有机 EL 同样引人注目.已经有几家公司在试制这种薄膜显示屏.电子纸作为纸一样的超薄显示屏,当然和纸一样可以弯曲,可以卷到一起拿在手上到处走,轻便是肯定的.

"显示屏、照明、电子纸"等等,现在很多使用有机 EL 的器件已开始逐渐进入市场,并被人们使用.本书目的在于,就有机 EL 技术的组成、构造、发明背景、市场化时的问题、企业的应对状况、面临的韩国和中国台湾的竞争、进行中的有机 EL 日本国家计划的全貌等等情况,用比较简单易懂的方式做一些解说.

---

① 电子纸:几种方式同时进行着.大体可分为"以白色文字为中心的报纸型"和"彩色且可以显示动画的有机 EL 型"两类.因此笔者将有机 EL 型称做"薄片显示屏",但在这章中为了易于理解称其为"电子纸".

② 无机 LED 被称做下一代照明,原因是点光源适合于聚光灯.其是否适合于室内照明是个疑问.

§1.2 凌驾于液晶之上的有机 EL

前面我们只单纯地看了经济产业省的数据，知道了"有机 EL 是下一代平板显示屏的最具优势技术"，并没有说明有机 EL 到底强在哪些地方，有着什么样的特征等等．这一节，将会通过和身边最熟悉的液晶的比较，展现有机 EL 的性能．[①]

1.2.1 绚丽、超薄、闪亮感

在考虑显示屏的能力的时候，大体来说，会通过"视觉方式（画质、亮度[②]、可视角度）"，"大型化的可能性、中小型化又怎么样"，"价格能否便宜"，"在残酷的环境中的耐受力"等方面来判断．

衡量显示屏好坏的最重要的一点当然是"画面漂亮"吧．电视广告中通常都会强调高画质．在这一点上，有机 EL 拥有液晶不可比拟的高画质、高亮度、高对比度，真是漂亮得没话说．

首先，决定画面是否漂亮的一个基准在于"亮度"．将此想象成闪亮度的话更容易理解．比如，历史剧中闪闪发光的刀刃，这种锐利的、光芒闪耀的发光方式用怎样的技术才能在显示屏上得以呈现呢？又比如，海岸边闪耀着的白色涟漪，这种发光方式又怎么呈现呢？诸如此类．

有机 EL 和显像管电视机等都是自发光型（参见图 1.2），通过电流在闪耀部分和发光部分急剧流过，或者说是电压急剧上升，就像文字所表现的那样使其闪闪发光．无论多高的"闪耀度"，都可以投入相应的电流，得到相应的亮度．也就是说，可以实现无论多高的最高瞬间亮度．这是显像管、PDP、有机 EL 等自发光型显示屏的特性．对于标准亮度，在必要的情况下还可提高．

相对而言，液晶是应用于电视的唯一不能自己发光的显示屏（透过型），需要背光（荧光灯）的协助实现显像．正因为如此，要想让液晶也能像有机 EL 那样只是在画面的一部分实现瞬间大量电流的通过，是非常困难的．背光灯

[①] 在显示器领域，作为同样的平板显示器，很容易将有机 EL 和液晶作比较．因此，本节试着将其与液晶作一彻底的比较．

[②] 亮度的定义：亮度即是发光体的明亮度，单位是 cd/m^2，或者 nt.cd 是坎［德拉］，用亮度计进行测定．以下本书将亮度的单位简称做坎德拉．

的亮度是一定的,通过发挥光的开关作用的液晶器件来实现亮度的减弱,也就是说减少亮度.液晶画面呈整体黏着状态就是这个缘故.虽然可以提高背光的亮度,而且可能将背光的亮度调高,但这会使得整体的亮度上升,以致本来想要表现成黑色或者想要表现成比较暗淡的部分,结果却变得泛白,失去了闪亮感."液晶的对比度低"也是这个原因.而对有机 EL 来说,想要闪闪发光的部分,无论要多么高的闪亮度都可以通过加入电流实现,不想让其发光的部分,会彻底使其不发光.这样黑的部分可以呈现为真正的漆黑,白色的部分可以呈现为闪耀的纯白色.相对于有机 EL 的"增加亮度的思路",液晶是"减少亮度的思路".哪种能更好地提升显示屏的性能呢?不用再说了吧.

从可视角度[①]上也可以立即分出高下.液晶从正面看很好,但稍微从侧面看的话,颜色会出现反转,甚至完全看不见画面.虽说液晶这方面正在进行着很大的改善,但遗憾的是,这属于液晶构造引发的问题,和其他种类的显示屏相比,差别一目了然.实际上,有机 EL 就像照片一样,不管从哪个角度看上去都是那么鲜艳亮丽.从实用性的角度上讲,这是巨大的差异.(表 1.3)

表 1.3 液晶与有机 EL 潜在能力的比较

	液晶	有机 EL
耗电量	○	◎
响应速度	△	○(液晶的 1000 倍)
大型化(30 英寸以上)	△	○
画质	△	○
寿命	○	○
成本	△(工程复杂)	○(工程简单)
可视角度	△	◎
亮度	△	○
柔性(弯曲)	×	◎(电子纸)
耐振动、耐温性	△(液晶)	○(固体)

1.2.2 引发两次"哇"的惊呼的有机 EL 电视

很多人会认为"液晶很薄",其实那不过是和显像管电视或 CRT 显示屏

---

① 视角依存性:与从正面看显示器相比较,从侧面看的画质较低.这就是画质的视角依存性.对有机 EL 来说,画质没有视角依存性.从产品介绍上看最近的液晶电视的可视角度很大,画质几乎没有了视角依存性.但实际上人的眼睛看上去与阴极射线管的画质还无法相比.

相比而言罢了.液晶显示屏使用像晶体一样整齐排列的液状有机物质(液晶材料).这种液状物质必须被封存起来,否则无法利用.事实上,液晶材料需要用两片玻璃板夹住.与此相类似,等离子体为气体,同样需要用两片玻璃板将其夹在中间.而且,液晶还存在先前指出的需要背光的问题,这更加使得它的薄受到局限.

相对而言,有机 EL 是固体,而且只是将材料做成薄膜状涂在一张类似玻璃的基板上,有着极其简单的构造,没有必要将它夹起来,膜厚仅 $0.1\,\mu m$. 本来,也就只需要这层膜和夹膜的两层电极而已,基板不过是加强材料.也就是说,不仅是玻璃板,塑料板、不锈钢板等都可以用.现在处于试制阶段的有机 EL 电视,17 英寸屏幕的厚度只有 $1.4\,mm$(包括构造物).

正因为此,去参加显示屏展览的时候,经常遇到这种有趣的现象.从来没见过有机 EL 的参观者从正面看到有机 EL 电视时,没有料到竟然会看到这么令人感叹的美丽画面,于是发出"哇"的惊讶的声音.而后,当他们从侧面转到背面时,又会因为显示屏的薄再次发出"哇"的感叹.这样,很多的参观者都会发出两次"哇"的感叹声,这种场面笔者经常亲身见到.(图 1.5)[①]有机 EL 就是这么薄!

 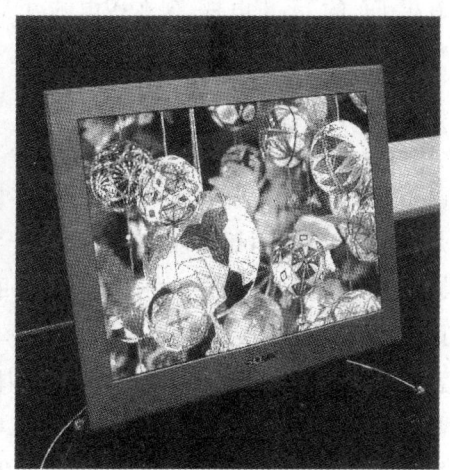

图 1.5　色彩美丽、超薄的有机 EL 电视

[①] 哇、哇,太漂亮了、太漂亮了! 连续赞叹两次的人不在少数.

1.2.3 响应速度——迟钝的液晶,快其 1000 倍的有机 EL

有机 EL 可以实现大型化和中小型化.有人可能会说"大型化可能实现的话,中小型肯定简单啦".然而,像 PDP 这种专长于大型化电视的技术,小型化却非常困难.而液晶则是大型化困难.所以,"既能大型化又能小型化"就成为出乎意料的要点.

大型化可能实现的话,就可以介入大型电视机市场.中小型化可能实现的话,就既可以做电视屏,还可以适用于家电制品的显示面板,手机、数码相机显示屏等广泛的领域.两相比较,中小型更有市场.

不过,要用于电视这种显示动态画面的场合的话,比大型化和小型化更为重要的是器件的"响应速度".

在用液晶电视和液晶显示器(电脑)观看动态画面的时候,是不是常常会有拖尾的现象呢?这是因为液晶的显示跟不上类似棒球、足球等高速度的运动画面.当然,这一点多少正在被改善,但液晶器件响应速度慢是原理性的问题,不是一朝一夕能解决的.有机 EL 的响应速度是液晶的 1 000 倍以上,[1]在电视和 DVD 播放上具有压倒性的优势.至少在原理上,液晶的响应速度是无法追赶有机 EL 的.不止电视,现在用电脑、DVD 看电影的机会越来越多,"响应速度"的快慢成为一个重要的方面.

1.2.4 电力消耗和制造成本

液晶特有的"背光"[2]对液晶来说是其命门.不仅是薄的障碍,还因为液晶后面总是给予背光,会消耗电能.有机 EL 只需要将必要的像素点亮,与此相对,液晶不管是需要亮的地方也好,不需要亮的地方也好,全屏都需要一直持续背光照射.理所当然,液晶在光的利用效率上来看就不行了.事实上,有机 EL 尽管现在还没有达到像液晶那样的量产体制,单消耗电力这一点已经达到和液晶同样的水平了.

制造成本又如何呢?有机 EL 和液晶的构造类似,液晶的设备有很多可以很容易地转用于有机 EL 制造上.因此,在液晶进步的同时,有机 EL 也受

---

[1] 响应速度:据报告,有机 EL 单一器件的发光响应速度为数十纳秒.
[2] 小型移动用液晶也存在使用前辅助光照明的情况.

到了技术进步的惠泽.有机 EL 在此并不吃亏.而且虽说相似,有机 EL 比起液晶来器件构成更为简单,不像液晶需要使用多种滤光器,需要使用光扩散板,需要时间注入液晶,需要镶嵌背光板等.其零件数目只需要液晶的三分之一即可.

因工程简单,零件数量少,量产化时根据大小尺寸,其制造成本据说可以争取到比液晶低百分之几十.反过来说,有着复杂的结构和制造过程的液晶和等离子显示器想要大幅度地降低成本则很困难.

1.2.5 能忍耐怎样的残酷条件

显示屏不会一直都在舒适的温度下使用.比如在汽车中,面板的温度有可能上到 80℃,也有可能低到零下.液晶是液体,过于寒冷会"固化",从而失去液晶的功能.所以,车载用液晶显示屏的背面通常附加有加热器.另一方面,有机 EL 是固体,比起液晶更有耐温性[1].在 -40℃ 时工作毫无问题,在 100℃ 的高温下也能使用.

不仅仅是耐温性,在汽车中还存在耐振动性问题.在这一点上,使用固体材料的有机 EL 也具优势.[2]

综上所述,从几个方面来看,有机 EL 几乎都遥遥凌驾于液晶之上.因此,有机 EL 将成为 2010 年平板显示器的主角而备受关注.

下一章开始,将就有机 EL 的结构、发光原理、制作方法等进行探讨.

---

[1] 液晶的耐温性:在阿拉斯加和加拿大,液晶就不能那样使用.
[2] 耐振动性:作为全固体的显示屏,无机 EL 因其耐久性、耐振动性被搭载于航天飞机上.有机 EL 将来也将达到这样的高可靠性.

第 2 章 有机 EL 的结构

§2.1 "有机、无机"和"小分子、高分子"

2.1.1 有机 EL 使用的是合成有机物

"有机"这个词,最近在"有机农业"中经常使用.在化学界,一直以来是按"构成动植物身体的东西,不能人工合成的东西称为有机物,其他的矿物质等则称为无机物"这样的标准来划分有机、无机的.

原本"有机"是"organic"的翻译,是从"organ(内脏)"而来的.相对而言,像石块、岩石这种东西就是"无机".无机物质这个词也成了日常用语.结果,产生了"由生命体活动而产生的(重要的)物质与不是生命体活动产生的物质,应该在根本上是不同的"这种想法.然而后来知道了从石油中可以制作各种人造有机物,那么用"生物、非生物"来区分就失去了意义.但因为这种区分方法自身非常方便,现在一般把"含有碳元素(以碳元素为骨架)的化合物"称为有机化合物.

碳氢化合物,用身旁的事物来讲,如图 2.1 所示. 1 个碳原子和 4 个氢原子组成了甲烷,2 个碳原子和 6 个氢原子组成了乙烷,这些是气体. 8 个碳原子

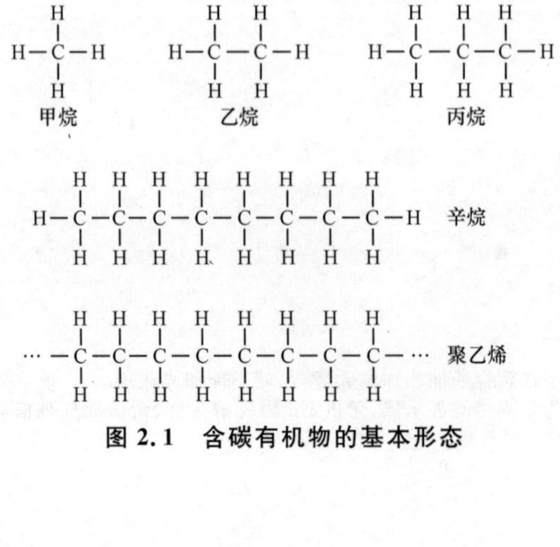

$$
\begin{array}{ccc}
\text{甲烷} & \text{乙烷} & \text{丙烷} \\
\end{array}
$$

辛烷

聚乙烯

图 2.1 含碳有机物的基本形态

和 18 个氢原子的结合组成的辛烷为液体. 更多的碳原子(数万个)连接起来就成了一种塑料(如聚乙烯).

诸如此类,石油化学制品全都是称为碳氢化合物的有机物. 原本石油就是木材埋在地里改变了模样而已,并不是不可思议的. 除聚乙烯外,聚苯乙烯、聚酯等塑料类都是人工合成的碳氢化合物,也都是"有机物".①

当然,自然界也广泛存在着有机物,譬如淀粉、DNA、纤维素等,但实际上,有机 EL 的材料并不是用这些天然的有机物来制造的. 用在有机 EL 上的材料(有机化合物)可以说全部都是人工制成的. 我们会考虑"这种有机物质的特性看上去很好,尝试着做一下吧",然后开始设计、合成(合成的例子请见第 6 章)、使用.

最近,开始有了利用 DNA 的半导体器件的研究. 说不定,在不久的将来,以蛋白质和纤维素为成分的天然电子器件会诞生. 但现阶段人工合成才是主流.

2.1.2 小分子和高分子——两个世界

然而,作为有机材料,希望大家知道,有机物中分为②

- 小分子系列材料
- 高分子系列材料

两种. 不清楚这一点,对于有机 EL 就难以理解. 所以,一开始请记住"小分子系、高分子系"这两个词.

小分子和高分子的区别在于"相对分子质量的差别". 相对分子质量是什么呢? 以水(H_2O)为例,H 的相对原子质量是 1,O 的相对原子质量是 16,那么水的相对分子质量就是 18,记做 $M_r(H_2O)=18$. 图 2.1 的乙烯(C_2H_4)中,C 的相对原子质量是 12,H 的相对原子质量是 1,所以它的相对分子质量就是 28,记做 $M_r(C_2H_4)=28$.

"小分子、高分子"的相对分子质量大致按以下标准来划分:

- 小分子——相对分子质量 1 000 以下.

---

① 最近也有了可用细菌等进行生物合成的塑料.
② 高分子:将分子分为小分子、高分子两类."高分子"是比较好的说法,但专家常称其为"polymer". 本书中,虽然两个基本类型是"小分子、高分子",但将高分子写做"高分子(polymer)". 这是一种习惯用语.

- 大分子——相对分子质量 10 000 以上.

那么就会遇到一个问题,"没有相对分子质量在 1 000~10 000 之间的有机物吗"? 这样的有机物的确存在,我们放在后面说.① 先要知道的是"高分子是基于小分子中的单体合成的". 道理非常简单,如图 2.2 所示,将单体(monomer)做多数(poly)结合. 这样,高分子又叫 polymer. 单体 monomer 这个词不知道也罢,但高分子 polymer 这个词是需要熟悉的. 本书尽量在讲到高分子的地方也一并写上 polymer 这个词.

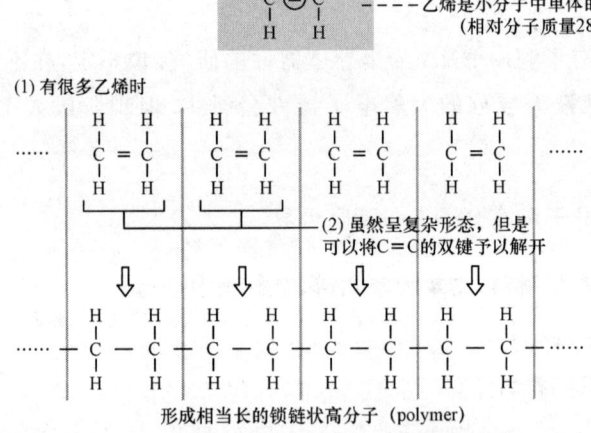

图 2.2　从小分子制造高分子

2.1.3　是用小分子材料,还是用高分子材料呢?——最初的分歧点

有机 EL 是选用小分子材料还是高分子材料,制造工艺流程会有很大的差别,这是后来才慢慢清楚的. 器件效果(寿命、发光效率等)也有差别.

大致上来讲,目前(2003 年 1 月)小分子系更先进,而高分子系在制法上有较大的优势. 有机 EL 中"小分子系 vs 高分子系(polymer 系)"的比较会在任何地方出现,请注意这点.

对企业来说,这是个大的抉择的分歧点. 材料制造商会面临到底开发小

---

① "1 000~10 000"间的相对分子质量:在这之间的有机材料有称为低聚物或树枝状分子的有趣材料. 关于这些本书中也有提及.

分子系还是高分子(polymer)系，或是两方面都开发的问题，装置设备厂商面对不同的制造工程，如何抉择，面板厂商(终端产品)则要选择将哪方面的产品投入市场(寿命不同)等等．决定有机 EL 市场成败的关键的一环，就在于"小分子系材料、高分子系材料(polymer 系材料)"如何取舍，成败抉择早早地在此环节就开始了．[1]

§2.2　1987 年的突破

2.2.1　黑暗中摸索的 20 世纪 60 年代

太阳能电池知道吧．就是某种物质接受太阳光的能量，产生电能，应用于计算器等．一般来讲它都是使用硅等无机物的．

与太阳能电池逆向而行，将电能转化为光能，而且使有机物质这种材料发光，这就是"有机 EL"．因此这从双重意义来讲都是"逆转的点子"．

不过，这个点子自身非常简单．"在有机物上加电压使其发光"这个研究从 20 世纪 60 年代开始就逐步进行着，但有机物本身(塑料等)电流难以通过，不能像无机物的金属或半导体那样导电，所以，当时就算加上数百万伏的高压也不过是在黑暗中有一点若隐若现的光亮而已．1977 年，白川英树[2]博士等人用化学掺杂(dopping)的方法，成功地使有机物中 π 共轭高分子的电导率提高．但"让有机物发光"这点仍然处于黑暗的摸索状态中．美国柯达公司 Tang(邓)氏等人的成果使这一点发生了改变．

2.2.2　Tang(邓)氏勇敢的尝试

对有机 EL 来讲，必须特别记录的一年除了 1987 年之外不做他想．那是超导风潮席卷世界的一年，对有机 EL 来讲也是具有里程碑意义的一年．

刚刚进入 80 年代，柯达公司的研究小组就成功地实现了有机物质的高亮度发光．当时正是美国政府出于石油对策，在太阳能电池的研究开发上大量

---

[1] 城户的回答：究竟是小分子系呢，还是高分子系呢？虽然心境类似哈姆雷特，但阅读此书之后会知道城户的回答．

[2] 白川英树，Alan Heeger，Alan MacDiarmid（本书封底有照片）(编者注：中译本未采用)首次成功地通过碘化学掺杂将聚乙炔薄膜的导电性上升到与金属同级的水平，开创了导电性高分子的新领域．因此，他们被授予诺贝尔化学奖．

投入的时候,柯达公司借此机会进行了太阳能电池的研究开发.

柯达的研究小组在太阳能电池中采用了有机物质,也就是说研发了有机太阳能电池.在这个研究中,Tang氏(C. W. Tang)[1]等人使用有机薄膜积层的手法,实现了高效率化.太阳能电池的研究项目结束以后,在有机太阳能电池研究中取得的这一知识被考虑用于"在有机物质中高效率地通电,并使其发光"上.Tang氏使用制作太阳能电池时得到的真空成膜技术、电荷输送性有机材料、电极材料、器件结构(多层结构),实现了极高亮度的发光,如图2.3所示.和以前不同的是,采用两层结构的发光层(有机材料)的想法非常好,只不过寿命极短.因此,在柯达公司内部根本没人理会这一想法,项目是否能继续存在都成问题.的确,作为公司来说,这种判断是妥当的.因为虽说发光,但寿命只有短短几分钟,转眼之间就变暗了."这个样子,恐怕在圣诞树上也不能使用哟."时间短得被人如此评价.

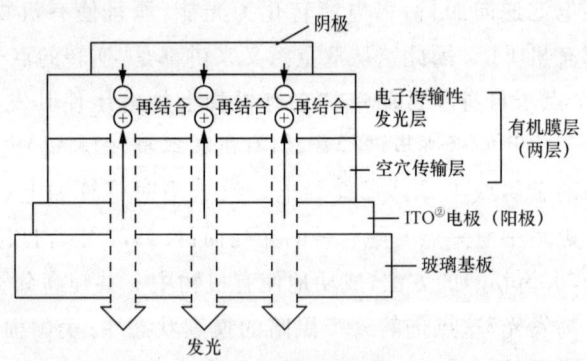

图2.3　柯达公司的Tang(邓)氏所发明的两层式元件构造

尽管当时发光的效率和明亮度都非常高,而且"极其薄的有机膜闪闪发光",作为研究者本人和相关人员来看,这可是颇具冲击性的了不起的研究.但是,从第三者的角度看来,又是另外一回事了.世上有无数发光的东西,从荧光灯、白炽灯开始,到专业性的发光二极管等等,竞争者很多.同它们相比,像这种不过仅仅持续几分钟的发光物,根本没有用.于是,这个项目面临被取消的处境.

---

[1] C. W. Tang,即邓青云,香港出生的美国人,在康奈尔大学获得博士学位.
[2] ITO(indium tin oxide):铟和锡的氧化物,常用于阳极,通常叫做"ITO阳极".因有透光的必要,ITO阳极是透明的.

2.2.3 申请了专利也不准写论文

救 Tang 氏出苦海的,不是别的,正是他自己的论文. 当时,柯达的方针是"申请了专利也不准写论文".[①]Tang 氏请求说"要终止项目的话,那就让我发表论文吧". 于是,1987 年他的论文发表在了《应用物理快报》上.

由此出现了戏剧性的变化. 居然有这种事,在远隔太平洋的日本,很多大学的科研人员和企业的技术人员读了这篇论文,开始了对有机 EL 的研究. 接下来,日本的企业都一个一个地去柯达拜访,这使得柯达高层改变了想法:"这或许能带来变化."研发项目得以延续下来. 总觉得就算是美国企业,东海岸的大公司也比较保守,和日本大公司一样,有不轻易相信自身内部的一面.

论文发表后,对有机 EL 表示关注和积极参与研发的电机系列制造厂家有先锋(Pioneer)、NEC、TDK、Stanley 电气、三洋电机、东芝等 6 家公司,化学公司有三菱化学、出光兴产等. 到如今,世界上活跃于有机 EL 的企业几乎都是在那个阶段就马上注目于它,并采取实际行动的企业.

§2.3 柯达、CDT 的创意

2.3.1 从"材料选择"开始使超薄膜成为可能

前文说,Tang 氏提出的"发光层(有机物)的两层化"成为有机 EL 研究的一个突破口. 这个突破影响到什么呢? 首先就是使"超薄膜"成为可能.

有机 EL 是首先在电极(阳极)上做一层有机膜作为发光体,然后另外在上面用蒸镀的方法镀一层电极(阴极)的. 至此为止,用作发光体的有机膜都非常厚. 为什么膜会很厚呢? 那是因为没有好的材料,做薄的话,膜质不能达到规定要求,会出现针孔[②],非常遗憾. 在有许多针孔的情况下装上电极(金属)的话,金属嵌入孔中会短路. 为避免这种情况,不得不将膜做成一定厚度以上.

---

① 专利申请后也不许发表论文:专利申请的时候其内容已经被公开了,如果写成论文,更详细的数据、条件也将被展示出来. 因此,日本的企业中"专利申请后也不许发表论文"的企业很多,特别是材料类的企业和化学企业.

② 针孔:薄膜中很小的空隙.

然而,膜做厚了,电压不加高电流就不能通过.实际上,至此为止,由于膜厚的阻碍,就算加数十伏、数百伏的电压,也不怎么发光.尤其是在1960年代的初始期,与其说是在用"厚膜",不如说是在用"单晶体".在之上用涂银的方法加上电极,就更加成了格外厚的一层东西.这样一来,不管加上多高的电压,几乎都发不了光.所以,当时谁也没有考虑"用有机EL去做显示屏",一点念头都没有过.

薄膜是用"真空蒸镀"的方法制成的.这一技术从前就有,只不过是在真空中加热有机物使其升华的系统,应该这样来评价,与其说是这一技术的提升,不如说是Tang氏发现了好的材料.在这点上,Tang氏自身是化学工作者[①],同时柯达公司拥有为数众多的有机材料起了大作用.

对有机EL来说,"材料就是全部".

2.3.2 多层结构(两层结构)的想法

如先前指出的一样,Tang氏发现的另一个出色的地方在于将发光层做成了两层结构(两种不同的材料)而不是一层.这样的话,就算第一层有针孔,有了第二层的涂层处理,就可以填补此缺陷.

在此两层结构中,一层使用从阳极容易注入空穴的材料,还有一层使用从阴极容易注入电子的材料.这样,空穴和电子的注入都变得容易,通过空穴和电子的再结合使发光也变得容易,亮度也变高了.

实际上"超薄膜"、"多层结构"这一Tang氏的想法,现在也是有机EL开发的基础手段,也是被后来称为"柯达专利"的想法.

而且,此处使用的有机材料是"小分子系"的有机材料.

2.3.3 将目光投向高分子的剑桥大学研究小组

先前讲过有机材料分为"小分子系和高分子系(polymer系)"(参见图2.2).柯达公司使用的是其中的小分子系的材料,运用"多层结构和薄膜"技术实现了发光.那么,高分子系(polymer系)的材料又如何呢?

使用高分子系的材料,实现有机EL发光的是剑桥大学.但最初观测到高分子电致发光的却不是他们.最初使用高分子中的π共轭高分子制作有机EL

[①] 虽然有机EL是一种电子器件,但迄今都是化学工作者开发了其主要的技术.

的是剑桥大学的 Friend 教授等人的研究小组,后来他们成立了 CDT 公司[①].

与柯达公司不同,剑桥大学没有使用"真空蒸镀薄膜"这种方法,而是采用将高分子系(polymer 系)的材料用一个被称做旋转涂膜法的不同方法制成薄膜.

旋转涂膜法,简单地说就是在基板正中放上有机材料,然后旋转基板,通过离心力,慢慢将液体的有机材料旋转形成薄膜层.特点在于不用真空,室温也可以做.同时,小分子系的材料使用固体,高分子系的材料则不能直接使用粉状物,所以需要用溶剂将其溶解成溶液状态使用.

§2.4 多层结构

让我们来看看有机 EL 的结构.结构本身有好几种类型,如果能理解下页中的类型的话,其他类型也就都能理解了.

2.4.1 多层结构的优点

基本的器件结构是两个电极夹住有机荧光体的结构(图 2.4),被夹住的荧光体发光就是有机 EL.首先,空穴从被称为 ITO 的阳极、电子从阴极注入有机层,在发光层再结合.带有负电荷的电子和带有正电荷的空穴发生反应.在这种再结合反应下的有机分子受到激发的状态,专业上叫做激发态(excited state).就是说,因为再结合的能量,分子从"稳定的基态(ground state)"到"不稳定的高能量激发态"时积蓄能量,回复到原位时释放能量,这时,就发出了"光".

大致上说就是这样.基态、激发态等是有点专业化的词语.下面会讲到"发光原理"的详细内容,届时,各层将会是怎么样的结构层呢?

虽说单纯地讲由两个电极间夹住一枚"发光层"的简单结构看上去不错,但却不现实.因为发光层是由有机物构成,而电极是由无机物构成,材质完全不同.

---

① 柯达专利:柯达专利中限定了"超薄膜",与 1 μm 以上的"厚膜"不抵触.
CDT(Cambridge Display Technology):英国的公司.CDT 的专利限于 π 共轭高分子.

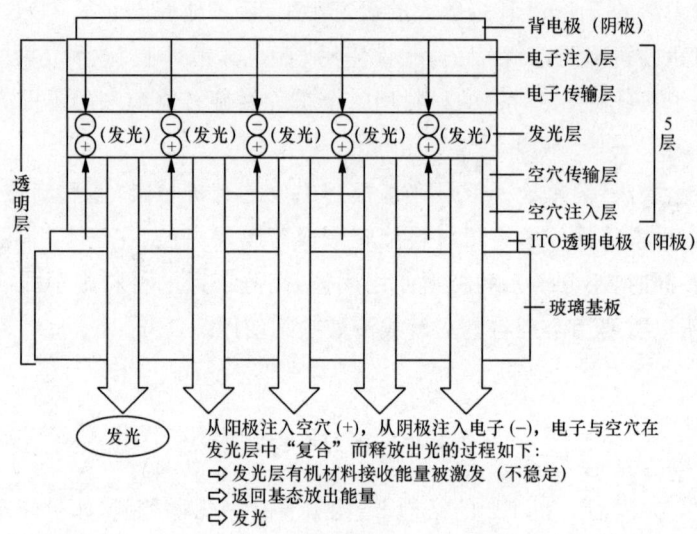

图 2.4　典型的有机 EL 的构造

2.4.2　在界面上完善不同材料的相容性

原本有机 EL 指的就是"发光部分（发光层）"使用"有机物质"，"将电流通过有机材料使之发光"(electronluminescence). 发光层以外的电极等使用的是铝之类的无机材料. 如同水和油、人的肌肤和岩石强制结合一样，有机层（发光层）和铝之间的界面的结合性当然不好.[①]

就这样，因为相容性太差，所以在中间加入"缓冲"层以解决这一问题. 这就是多层化的优点.

具体来说，阳极侧（正电荷侧的电极）使用的是名为 ITO(indium tin oxide) 的透明的电极. 这是铟和锡的氧化物，也被广泛用于液晶等. 在阳极和空穴传输层之间插入作为缓冲的空穴注入层.

同样的道理，阴极侧（不透明）也是使用的铝之类的金属，肯定需要在电子传输层和发光层之间插入电子注入层.

这是基本的结构，各自的作用在于提高层与层之间的结合性. 譬如，使用适合于电子传输的材料可以加速电子移动的速度，使用具有好的电子注入性

---

① 电极与有机物不仅仅要考虑有机与无机的相容性，后面会提到这些材料的电子能级也是很重要的.

的材料可以提高电子的注入效率.①

只不过,因为有"兼顾传输性的发光材料(发光层)",所以实际上相对此例中的5层构造而言,更多的是4层构造.

表2.1中列出了从1层构造(单层)到2层型、3层型、4层型、5层型结构的图示.

表2.1 有机膜部分可分为若干种类型

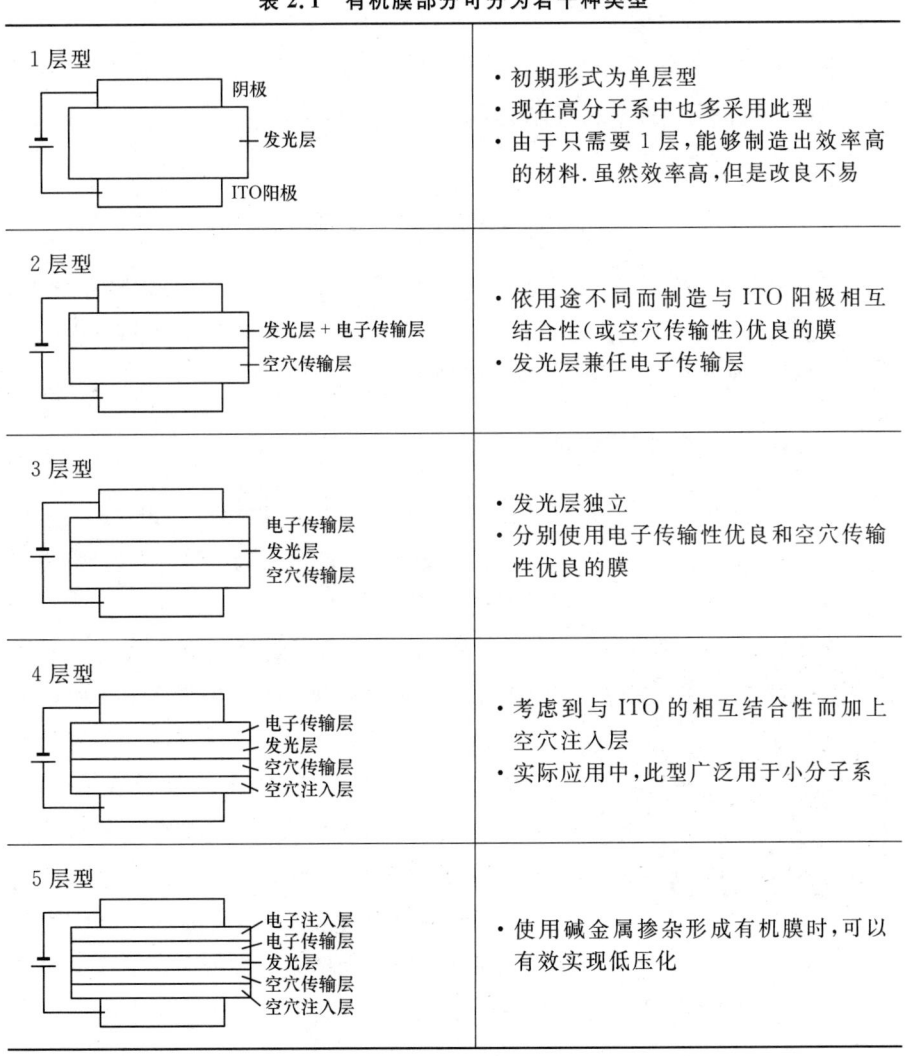

1层型（阴极 / 发光层 / ITO阳极）	· 初期形式为单层型 · 现在高分子系中也多采用此型 · 由于只需要1层,能够制造出效率高的材料.虽然效率高,但是改良不易
2层型（发光层+电子传输层 / 空穴传输层）	· 依用途不同而制造与ITO阳极相互结合性(或空穴传输性)优良的膜 · 发光层兼任电子传输层
3层型（电子传输层 / 发光层 / 空穴传输层）	· 发光层独立 · 分别使用电子传输性优良和空穴传输性优良的膜
4层型（电子传输层 / 发光层 / 空穴传输层 / 空穴注入层）	· 考虑到与ITO的相互结合性而加上空穴注入层 · 实际应用中,此型广泛用于小分子系
5层型（电子注入层 / 电子传输层 / 发光层 / 空穴传输层 / 空穴注入层）	· 使用碱金属掺杂形成有机膜时,可以有效实现低压化

---

① 从电极注入电子、空穴的效率对器件的发光效率有很大的影响,因此各个注入层也是很重要的.

纵观有机 EL 的历史，可以说是从单层型到多层型的发展过程．特别是，多层型用的是小分子材料，而高分子系(polymer 系)的材料则是用于单层型．因为制法不同，器件构造自身也不一样．

做几层结构为好，不能一概而论．单层型(高分子系的材料)的制法单一，容易制作．多层型(小分子系的材料)则能够更容易选择适当的材料，进行细微的改良．通过开发一个划时代的材料，或者说通过极具效率的制法研究，或许可以取得很大的突破．

小分子系和高分子系(polymer 系)两种不同的研究流程相互竞争，其结果是加速了有机 EL 技术的整体发展．

§2.5　探究"发光原理"

萤火虫发光、有机 EL 发光都与"激发"现象有关．在说明激发现象之前，虽然前面已经提及，我们还是再次说明一下在有机 EL 的各层中究竟发生了什么．这对于理解有机 EL 来说非常重要．

2.5.1　在发光层"再结合"

最简单的有机 EL 结构就是用电极夹住发光层(有机材料)的式样．当然，最后也需要支撑它的基板(玻璃)，但基板和发光现象无关．

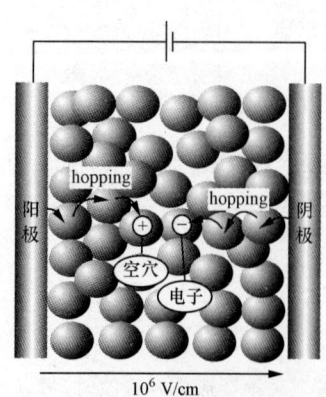

图 2.5　电子与空穴一边跳跃一边再结合

那么，向阳极和阴极两个电极加上直流电压，空穴①(阳极侧，也叫正电荷)和电子(阴极侧)会从电极注入到有机膜中．从化学角度来讲，有机分子在阳极界面被氧化(失去电子)，在阴极界面被还原(获得电子)．请注意，做半导体的人和做化学的人是用不同的话来解释这种现象的．注入的电子和空穴等电荷在分子间做跳跃运动并向对面的电极移动．(图 2.5)

---

① 空穴：也叫正孔，也就是带正电荷的孔穴．本来，电流的流动仅仅是电子在移动，可以认为没有了电子的空穴是带有正电荷的孔穴．

接着,被输入的空穴(正电荷)和电子到达目的地——发光层,并相互找到对接的电荷,进行结合.我们一般将此称做"再结合".从原本中性分子中夺走电子,注入空穴,或给予电子,注入电子,这些电荷在发光层重新结合还原成中性分子,所以称之为"再结合".

通过再结合,有机分子能量被活化,其电子状态从稳定的状态(基态)转向高能量的状态(激发态).而因为激发态极其不稳定,又会回到原来的基态.这时,能量被释放,表现为"光"的形式——这就是有机 EL 的光.

强制性地进行通电得到这种发光状态,就是"有机 EL(electroluminescence)"叫法的由来.萤火虫也是同样利用生物体物质(有机材料)而发光.利用生物反应(化学反应)的发光(bioluminescence)也好,利用电气化学反应的发光也罢,没什么不同.任何一方在通过化学反应使有机分子发光这一点上都是相同的.(图 2.6)

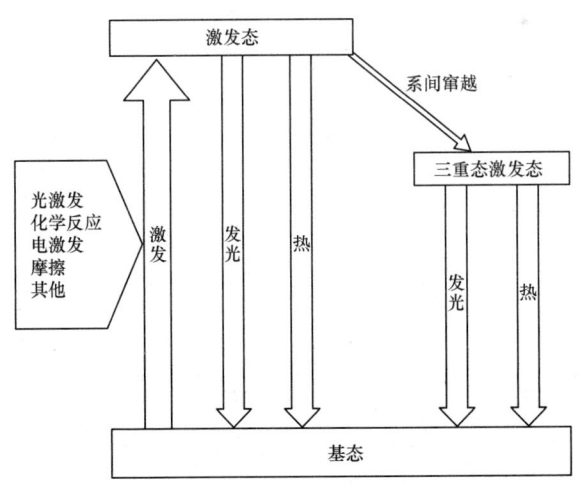

图 2.6 "有机发光"的秘密

2.5.2 从更高的单态跃迁下来的为"荧光",从较低的三重态跃迁下来的为"磷光"

产生发光现象的道理如上所述,但实际上有机 EL 的"发光(luminescence)"分"荧光(fluorescence)"和"磷光(phosphorescence)"两种.知道这个区别的话,就会对化学有更详尽的了解.使用的词挺专业的,但道理本身并不是很深奥.

先前讲了,发光就是"先实现高能量状态(激发态),而后从这个高能量状态跃迁下来并释放能量"。

这种"高能量状态"分为两种.让我们把它们想象成 3 楼和 2 楼的状态吧.通过光的照射,让有机分子从基态达到激发态,就如同让它处于 3 层楼一样.就像从 3 楼直落与先下一段阶梯到 2 楼,再从 2 楼落下的情形肯定不同一样,高的楼层(3 层)叫"单态激发态",这时的发光就是"荧光".稍微低点的楼层(2 层)叫"三重态激发态",这时的发光就是"磷光".这些词语看上去有点难理解,只要想象成 3 层或者是 2 层的区别就可以了.不从 3 层或 2 层直落,而是下阶梯到 1 层的话,激发能量会变为热量被消耗,而不会发光.直落的比例压倒性的大于从阶梯而下的比例的话,就是荧光物质.(图 2.7)

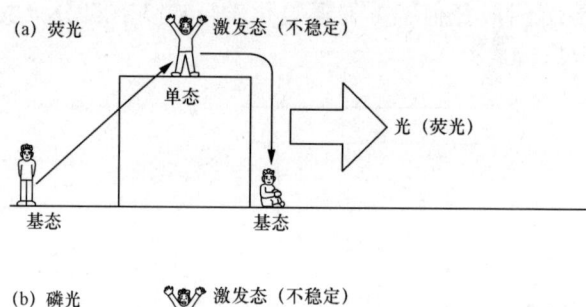

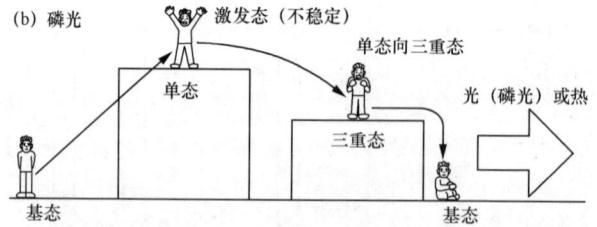

图 2.7 荧光与磷光的不同

对于人的眼睛来说,荧光是清晰可见的光.日常用语中也有荧光灯、荧光笔[①]等.但是一般来说发磷光的有机材料较少,就算是极其低温下能够观测到,在常温下也观测不到.而且,从 2 层落下时,一般情况下能量都以热量的形式放出来,不能像光一样被利用.

这就是说,好不容易通电使之激发到 2 层,却"不能作为光来利用"!这是个大问题.而且,荧光和磷光的比例如何,概率又如何呢?——在直接回答这

---

① 荧光笔等是受太阳光等光的刺激而被激发,从其激发态降落时发光的,即"光-光".萤火虫是"化学-光",有机 EL 是"电-光",它们有本质的区别.

些问题前,让我们思考一下产生荧光和磷光两种光的原因.如果找到原因,那么就可以更好地找到对策.

2.5.3 电子自旋方向的重要性

产生两种光(荧光、磷光)的理由到底是什么?其中到底发生了什么呢?

要知道这个,必须要先了解一些分子世界的知识.在分子周围有各种轨道,每一个轨道上都有成对的电子.该成对电子自旋不同,且呈"向上"和"向下"两种反方向运动状态——想让大家理解存在着这样的世界呢.这些与荧光、磷光有关.

让我们实际看一下电子和空穴再结合的情况.如图 2.8 中所示,电子和空穴的再结合就是获取电子的分子(还原的分子)和失去电子的分子(氧化的分子)之间的电子授受反应.这时如图 2.8(a)中所示,反应后的激发态下的电子自旋方向相反的时候,就是"单态激发态".因为不稳定,所以会降回原来的轨道,这时就发出"荧光".典型的情况下激发态存在时间大约是 10 ns.

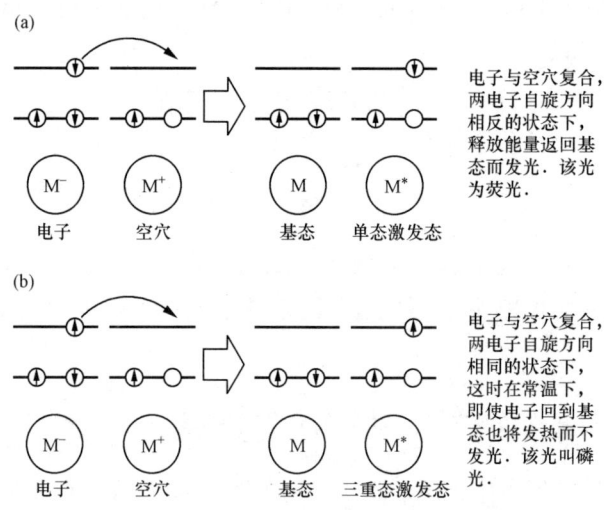

图 2.8 荧光还是磷光由电子自旋方向而定

而如图 2.8(b)中所示,激发态下电子自旋方向相同的时候,就是"三重态激发态".它在能量上比单态激发态低.电子试图脱离这种不稳定的状态恢复到原位时,原先的轨道上已经有相同方向自旋的电子了.那么会发生什么呢?先前我们说过"成对的电子呈反方向运动(不可能同方向)",在这种状态下,电子直接回位到下面的轨道(原来的轨道),也是不允许的.专业术语称之为"泡利不相容原理(Pauli exclusion principle)①".

因为不能回到原来的轨道,没办法,电子只好长时间停留在这种状态下.要问停留时间会长到多久呢?存在时间为数毫秒以上量级的激发态也有呢.于是,在激发态下分子或回旋或伸缩,能量被用到了其他地方(以热能的形式失去活性).所以观测到磷光的时候较少.

2.5.4 "内部量子效率"25%就是极限吗

现在我们知道了有机分子发出荧光和磷光两种光的背景知识.那么,对于有机EL,通过电荷的再结合产生的这两种激发态的比例又如何呢?理论上(据统计)是"荧光(单态):磷光(三重态)=1:3"(图2.9).使用荧光物质的话,人们得到光的比例竟然只有全体的25%.辛辛苦苦地使电子和空穴成对的再结合,发生能量激发,然而一对电子和空穴却只能产生0.25个光子,生产率很低.就这样取出光,电子到光子的转换效率充其量不过25%而已.而且这个现象在我们的学会中也作为"有机EL不能超越的障碍"取得了共识.下面将就此作详细说明.

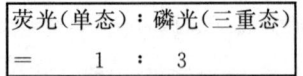

图2.9 荧光与磷光的比率为1:3

一般地,这种情况下的发光效率叫做"内部量子效率".在这个阶段,有"内部量子效率的极限是25%"的说法.也就是说,100个电子只能放出25个光子.

2.5.5 使发光效率变成100%的划时代手段

光的转换效率只有25%,那么75%不能变成光的话真的是非常大的浪费.如果能量从三重态激发态不是以热量的形式而是以光的形式发散出来的话,所有的电子就都变换成了光.这样如果不是发出荧光的有机物质(荧光材料),而是找出和使用发出磷光的有机物质(磷光材料),效率竟然会达到

---

① 泡利不相容原理:也叫泡利排他律.在"量子力学"的世界这个考虑方法是必须的.在极低温的世界,可以观测到磷光,而在室温中通常看不见磷光.

100%. 虽说到目前为止一直都是进行着荧光材料的开发,所以"25%"被认为是极限值,但最近,对磷光材料,即在室温条件下可以发出强烈磷光的有机化合物的研究开发已经开始进行了.

事实上,在自然界不存在满足这种条件的"有机磷光材料",这样的材料都是人工制造的. 在本章开头,已经指出了"有机 EL 所用的是人工制造的有机材料",这个和打破"量子效率 25% 的障碍"的成果紧密相关. "室温下发出磷光的物质,而且要发出强光的物质",要能制造出这样的材料很了不起.①

现在已经知道,使用某种"金属配合物"材料,可以很好地提取出磷光②. 或许金属配合物是不太常见的词,它是在中心放置金属离子,周围的有机物(称做配体)与之结合而成的东西. 而且已经知道,使用诸如铱或铂等贵金属作为中心金属离子可以很容易地得到磷光材料. 想要偏蓝色的光也好,想要做出绿色的光也罢,又或者想要放出红色的光的时候,到底要用哪种结构的配位体才好正在研究. 当然,"金属配合物材料都发磷光"的说法也不对. 根据中心金属的不同,配位体构造的不同,组合后的结果肯定也全然不同. (图 2.10)

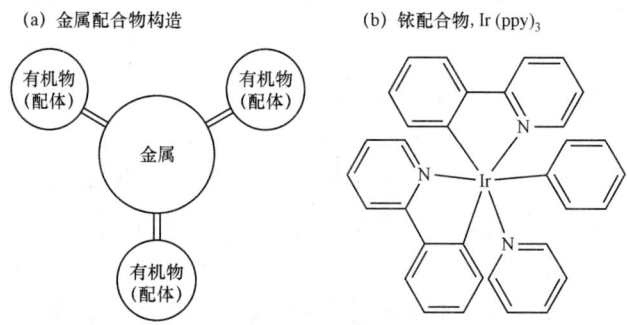

图 2.10 金属配合物与磷光材料
金属配合物是金属和有机物的混合物质

实际上,Tang 氏 1987 年发表的材料也是金属配合物,其中心金属是铝. 很遗憾,这个铝配合物不是磷光材料而是荧光材料. 如此,根据中心金属是什么,周围配位体的结构如何,材料或者发出荧光,或者发出磷光.

---

① 实际上,在基础研究中,我们这些有机 EL 领域的研究人员都是将很久以前不知是谁开发的材料作为"器件材料"应用到实际中来,从而发现了很高的效率并开始使用. 这样的例子很多.
② 磷光:普林斯顿大学的 Forrest 教授与南加州大学的 Tompson 教授是最先使用金属系磷光材料的人. 而最先观测到磷光 EL 的是九州大学. 山形大学则是在 90 年代实现了稀土类从多重激发态的发光.

现阶段的状况是能发出磷光的材料（金属配合物）与荧光材料相比非常少。只是，有机化学最了不起的地方就在于可以人工合成许多新材料，所以可能性也就有许多。

2.5.6 使用稀土类的方法

从金属配合物磷光材料中有效地取出磷光，这不仅证明内部量子效率可以提高到100%，同时也促进了材料的探索，甚至可以进一步发现具有新特性的磷光材料吧。

但是，除了磷光材料以外，还有提高内部量子效率的有效方法，这就是使用稀土类金属配合物材料。稀土类金属配合物不是荧光材料。也许有人会说"不是荧光材料，那就应该写成磷光材料"，其实有点不同。

如我们多次讲到的一样，荧光是"由单态激发态而来的发光"。磷光是"由三重态激发态而来的发光"。那么稀土类金属配合物的激发态是单态还是三重态呢？其实都不是，而是五重态等多重态①激发态引起的特殊的发光。所以，和单态或三重态对应的"荧光"或"磷光"等不同，它没有特殊的名字，就简单地被称为"发光"。

原本，虽有指出"使用磷光材料内部效率可能达到100%"，但在铱配合物出现之前，笔者一直提案说"如果使用稀土类有达到100%的可能性"。

笔者等人在90年代已经将稀土类金属的铽（Tb）配合物应用于有机EL上。当时有着各种各样的意见，"使用荧光物质的极限是25%"的说法较普遍。但是，笔者等人主张："这是错的。稀土类在激发时就算配位体被激发到三重态，但因为它的能量向中心金属转移会发光，所以所有的能量都可以转为光。那么内部量子效率变成100%也不奇怪。只要选择合适的材料，有机EL的内部量子效率就有可能达到100%。"遗憾的是，用稀土类金属配合物来证明内部量子效率可达100%还没能实现。实际上，因为已用铱系证明内部量子效率可达到100%，现在还在说"25%是极限，不能超越"的人已经没有了。

2.5.7 外部量子效率的提高也很重要

既然有内部量子效率，那么应该可以想到还有外部量子效率吧。内部量

---

① 五重态，多重态：普通的有机化学方面的书中，写有单态和三重态的差别，并未提及除此之外还有多重态的事实。考虑到这一点，就能实现进一步打破壁垒的技术。

子效率是"器件内部电子转换成光的效率". 与之相对,外部量子效率则表示"考虑到内部的发光中有多少比例可以向外部释放的效率".

内部量子效率的提高固然重要,但就算它达到 100%,如果向外释放的效率低的话,整体效率也会下降,最终导致光不会向我们这边释放出来.

在使用非晶态的有机膜发光的情况下,无论是荧光还是磷光,都不会像激光那样具有指向性的射出,而是或者横向释放漏走,或者因为有机材料和电极基板材料之间的折射率不同而永远被封闭在器件内部. 这样,内部量子效率 100% 的情况下,向外发出的光也不过 20%～30%.

就是说,内部量子效率为 25%,光的取出效率为 20% 的话,我们真正能使用的光,其外部量子效率只有不超过 5%,效率太差.

当然,人们在努力地提高外部量子效率,查明一个一个造成损耗的原因,扎扎实实地推进解决问题的方法.[①]

2.5.8 功率效率在显示屏应用上的重要性

功率效率也叫视感效率,实际上这是标志在显示屏和照明中应用时消费电力基准的参数. 用 lm/W 作为单位来表示每单位功率能发出多少光.

功率是电流和电压的积,要得到某种亮度就需要相应的电流,那么电压越低,功率效率就越高,消费功率也就越少. 所以,对于实用化而言降低驱动电压非常重要. 高迁移率材料的开发,或者在电极材料上下工夫,让低电压下注入空穴和电子成为可能等等,各种各样的低电压方法正在开发中.

最近,已经出现了使用几伏的驱动电压就可以得到 1 000～10 000 cd 发光强度的器件. 已达到的功率效率、量子效率和寿命如表 2.2 和表 2.3 所示. 顺带说一下,PDP 等其他显示屏的功率效率仅为 1～2 lm/W 左右.

表 2.2 荧光材料 EL 器件的特性

	外部量子效率/(%)	功率效率/(lm/W)	寿命/h
蓝	5～6	5～8	数万
绿	5～6	10～15	数万
红	2～3	1～3	数万

---

① 解决方案有两种:一种是一点一点找出问题的原因,逐个加以解决的方法;另一种是直接从本质上加以解决的方法. 外部量子效率是前者,而内部量子效率是后者.

表 2.3 磷光材料 EL 器件的特性

	外部量子效率/(%)	功率效率/(lm/W)	寿命/h
蓝	10~11	10~11	数百
绿	15~20	60~70	数千
红	≈7	7~8	数万

§2.6 "R+G+B"非"白"也

2.6.1 因为是城户君,所以研究稀土类

这一节作为本章的最后部分,还会继续有点难度的讲解,会提及一些笔者自身和有机 EL 的关系.笔者先前展示的对稀土类特别关注的理由,以及有机 EL 的"白"光的存在是多么的有趣和有意义等等,都会通过此节进行说明.

"正因为是城户君,所以研究稀土类吧!怎么样?"[①]说这句话的是笔者早稻田大学时代的导师土田英俊教授.这并不是单纯的玩笑话,而是对将来研究领域的建议.当时我们正在和位于群马县高崎的原子力研究所开展共同研究,从核能发电站的废液中选择性地收集其中混杂的放射性元素并加以再利用.当时使用的是离子交换树脂,只捕集特定的金属离子.

但是,大学不能管理放射性金属离子.这些放射性金属属于"锕系元素",如图 2.11 中的元素周期表所示,处于稀土类下面一排的位置的元素,全部都具有放射性.只不过,锕系元素的性质和镧系元素(稀土类)非常相似,所以作为模型物质而选择了稀土类.制作可以很好地捕集稀土类金属的离子交换树脂就成了笔者的研究题目.从那时起,笔者就开始了"稀土类"的研究,后来留学到了美国,也一直从事稀土类的相关研究.

---

① "城户"开展着使"稀土"类发高"亮度"光的研究工作.(译者注:在日语中,城户、稀土、亮度的发音相同)

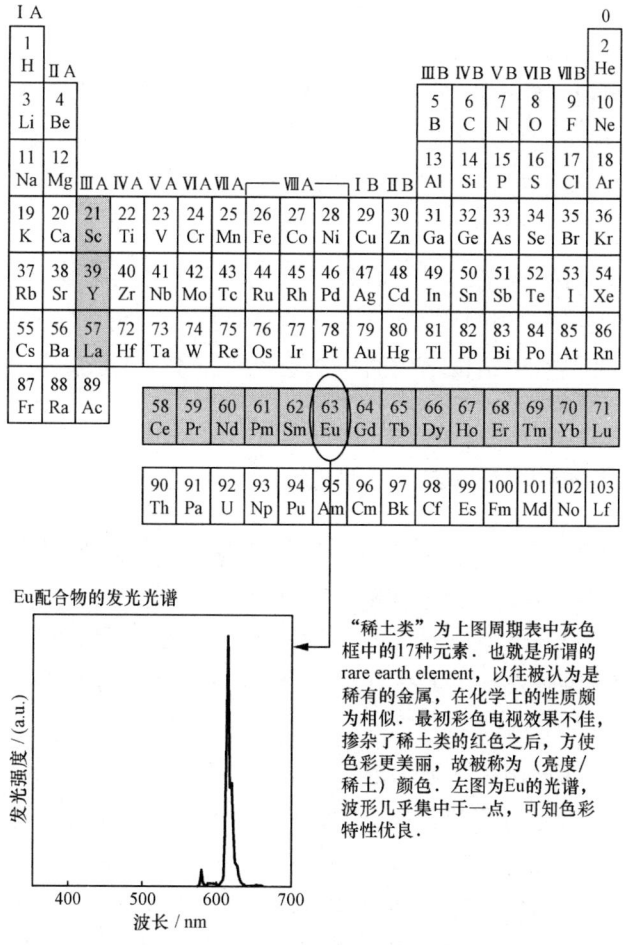

图 2.11 稀土类发光特点

2.6.2 充满失败的旋转涂膜实验

在美国留学期间(1984 年—1989 年),Tang 氏的论文已经发表(1987年),但笔者接触到这篇文章已经是回到日本以后.其实,笔者的专业是高分子化学,没有接触过电子器件相关的论文,当时在高分子研究领域非常有名的纽约 Polytechnic 大学冈本善之教授的研究室从事高分子和稀土类金属离子结合反应的研究.笔者合成高分子,测试荧光,发现其发光特性,然后思考"可不可以通过电气使稀土类金属配合物发光呢".虽然当时就对有机 EL 发生了兴趣,但是笔者调查过去的论文时竟然发现同样的工作在1960年代的论文中已有过报道,那是纽约大学的Pope教授(M. Pope)等人的工作.想到"这么早就有人想用电使有机物发光吗",有点失落感.非常巧,冈本教授曾在纽约大学执教,据说他当时还为Pope教授做过有机结晶.不用说,笔者马上和冈本教授一起前往纽约大学拜访了Pope教授.

当时笔者将手中的稀土类金属配合物涂覆在电极上制作了器件.首先将有机材料制成溶液,并采用旋转涂膜的方式涂覆而不是真空蒸镀.也许因为膜上有很多针孔的原因吧,尝试过几次实验,很快就短路了,实验总是失败.结果,该器件在笔者美国留学期间一次也没有点亮.但是我想一定要将有机EL的研究继续下去.

2.6.3 Tang(邓)氏得到的是很宽的光,使用稀土类会怎样呢

前面讲过和"稀土类"相逢是在早稻田的时候,其发光光谱呈非常漂亮的线状(见图2.11).对普通的有机物来说,其发光谱图非常宽,所以光的纯度并不高.而稀土类仅在光谱中绿色的部分,或仅在红色的部分突出而呈独特的颜色.从元素周期表看稀土类有17种之多,但能发强光的仅有铽、铕和铈等少数几个.

笔者1987年归国后逐渐了解了Tang氏的论文.他采用的是有机物,得到的是较宽的光.笔者很快就想:"如果使用稀土类绝对可以得到很漂亮的光!"于是笔者到企业去借用装置,利用暑假和寒假到美国的Brookhaven国家实验室工作.经过多次发光的尝试,1990年开始发表论文.当时,作为助手的我真的没有研究经费,是靠这些论文获得了一些研究经费才使研究得以继续.寻求与校内拥有真空蒸镀机[①]的研究人员合作,购买一台、两台真空蒸镀机,笔者这样一步一步走过来.[②]

2.6.4 开发能发白光的发光体

有机EL材料各自发自己独特的光,并已出现了蓝、绿、红等多种多样的

[①] 蒸镀机:蒸镀机常被用于半导体研究,而半导体的材料是无机材料.使用这些无机材料的研究人员很讨厌有机材料.在蒸镀机中蒸镀有机物会污染腔体.校内的奥山克郎教授让我借用他的蒸镀机,我至今仍非常感谢.

[②] 以前说了个笑话,感觉我是从一个烧瓶起步的.一般来说,大学中助手或者副教授会继续教授的工作.对于我来说,大学一毕业就到美国留学,回国后成为助手,作为研究者来说真的是从零开始.

光. 但是,当时还仅仅有"白"光没能得到. 作为光,RGB 混色的话就可以得到白光. 反过来说,得到了白光的话也肯定可以自由自在地表现 RGB. 这样的话就可以做出彩色的有机 EL 显示器了.

笔者做出白光是在被山形大学聘用为助手后 3~4 年的 1993 年. 当时有机 EL 研究被分为小分子系和高分子系两个领域,笔者涉足了一个新的研究方向,"将小分子与高分子混合使其发光". 做这项工作的起因是采用蒸镀的方法不能很好地得到小分子铕配合物(红色发光)薄膜,从而将目光转移到用高分子与小分子铕配合物混合后涂膜(高分子系的成膜方法)的方式,这也导致了在世界上首次"发现白光". 多亏了稀土类啊.

市面上出售的高分子系(polymer 系)材料有发非常蓝的光的,因为发现了使其高亮度发光的方法所以将其用于研究. 蓝色高分子的激发能量非常高. 在其中混入绿色的色素会怎样呢?认为会是"蓝色和绿色的中间的颜色"的读者是不正确的. 正确的答案是"发绿光". 其理由将在后面说明,这里我们先继续下面的话题.

将有机 EL 用于制作电视机或者计算机用显示器需要"光的三原色",也就是"RGB",其中红色是 R(red),绿色是 G(green),蓝色是 B(blue). 首先让蓝色的高分子发光,然后发绿光,再发红光,笔者开展了这样的研究工作.

有一天我们想制作发红光的器件. 一般来说发蓝色光的高分子的能量会向红色色素转移而发红光,但当时能量转移的效率并不高,结果器件发少许蓝光,同时也发少许红光,正因为这样发出了近似白色的光,让我很惊讶. 但是,这次是近似白色的光,而不是完全白色的光. 因此,我们添加少许的绿色色素,使器件发出 RGB 全部的光,终于得到了白光.

当时,做实验的学生因没有得到红光,很失望地走进了笔者的办公室. 但是,一看就知道取得了获得白光窍门的我不仅没有失望,反而高兴地跳了起来. 从看似失败的实验中抓住了成功的途径就在一瞬间.[①]

2.6.5 "R+G+B 不等于白",这是学到的常识

一般认为,将光的三原色 RGB 混合的话会得到白色. 但是,在有机 EL 的

[①] 从失败的实验中获得的成功:虽然"想得到白光"这个实验失败了(译者注:原书如此,但应为"红光"). 但是,从失败中诞生了巨大的发现.

世界里,即使将 RGB 混合也不能得到白色,这是常识。[①]也许谁都会简单地认为,在高分子中添加三种不同发光颜色的 RGB 材料将会得到白光,实际不是这样。不同发光色的色素混合的话,激发的时候能量总是往能级最低的地方移动,所以发出能量最低的颜色的光。而能级由高到低的顺序是蓝,绿,红,其中能量最高的是蓝光。

这样的话,蓝加绿会得到什么颜色呢?即使是分子,蓝色色素的激发态的能级也比绿色高,所以激发能量也高。作为能量,总是从能量高的地方向能量低的地方移动。就像河里的水从高处往低处流一样,能量也是从能级高处往能级低的、稳定的地方移动。

所以,蓝色和绿色混合的话不能得到"蓝色和绿色的中间色",而是发绿光,就是这个道理。在蓝色和绿色都存在的情况下,两方都被激发的场合,蓝色的能量向能级较低的绿色迁移,整体来看发出的光是绿色的。同样,绿色和红色混合激发的话,绿色的能量会往红色迁移。如此这般多种色素混合的情况下,能量总是往能级最低的地方迁移而发光。(图 2.12)

2.6.6 与距离的六次方成反比——白光的诞生

但是为什么又会出现将红色色素掺杂进蓝色发光高分子中使其发红光的时候,结果发出的不是红光,而是近似白色的光呢?而且,再添加绿色色素的时候为什么会完全发白光呢?

实际上,理论上能量转移是与"距离的六次方成反比"的。也就是说,相互间距离比较远的分子间的能量转移会变得非常困难。将分散的小分子色素的浓度降低的话,色素间的距离会变长,这样,浓度越低,能量迁移也会越受到限制。结果发出的光不是完全向绿色或红色迁移,而是同时发出 RGB 三种光。因为这个原因,如果将色素浓度降低到不能发生能量迁移的低浓度的话,三种光会同时发出来。

总而言之,在将绿色和红色的色素浓度降得很低的情况下,蓝色也会发光。要使能量不会完全被绿色或红色夺去,只要将绿色和红色色素的浓度降得非常低即可。

---

① 最先进的科学技术不能按常识来考虑——这就是常识。

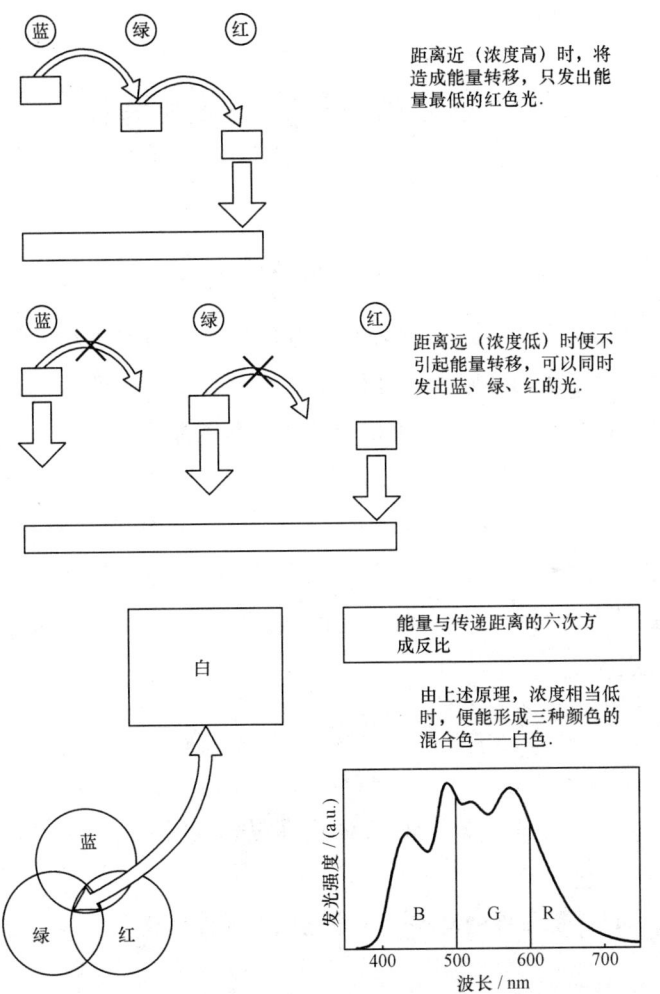

图 2.12 从分子到分子的激发态能量转移

这样通过分散和控制浓度使三种光都发出来,也许现在看来已是常识(新的常识)了.但在当时,作为当时的常识(旧的常识),在一个高分子中无论添加几种色素,都是能量最低的色素发光.就这样,旧的常识被颠覆了.

第3章 从器件的制备到封装

§3.1 OLED整体的工艺流程

按照读者的学习习惯,本章将概述器件的实际制作过程.通过对比有机EL的理论和生产线的实际生产过程,读者能够加深对有机EL的理解.

图3.1中的流程图是小分子系的被动式全色显示的制造工艺过程,大致可分为预处理工艺、成膜工艺以及封装工艺.[1][2]

预处理工艺包括ITO(indium tin oxide)电极的图案化、绝缘薄膜的沉积以及图案化等过程.成膜工艺包括有机层和电极等的沉积过程.封装工艺是对制备完成的器件进行后续封装的过程,以防止空气(主要指水分和氧气)对器件劣化的影响.

另外,工艺流程的要点是成膜工艺.

§3.2 从ITO到发光层的沉积

3.2.1 ITO是器件的基座——电极部分的图案化

有机EL发光层仅仅是一层薄膜,必须选择某一基板作为沉积的基底.最常用的基板是玻璃,最近,薄且可弯曲的塑料基板也在研究开发.一般来说,由于发光层产生的光透过基板发射,要求基板具有较高的透明性.

这种玻璃基板上首先搭配电极,一般是搭配阳极(正极).这种既具有透明性又具有导电性的电极材料是ITO.ITO的全称是铟(In)锡(Sn)氧化物,前面已经提到过几次.

---

[1] 主动式(active matrix,AM)有机EL指基板为TFT基板.而且,因为不必对阴极图案化,所以不需要图中的"阴极隔离".

[2] 此图是能够概括整个工艺流程的框架图.

§3.2 从ITO到发光层的沉积　　37

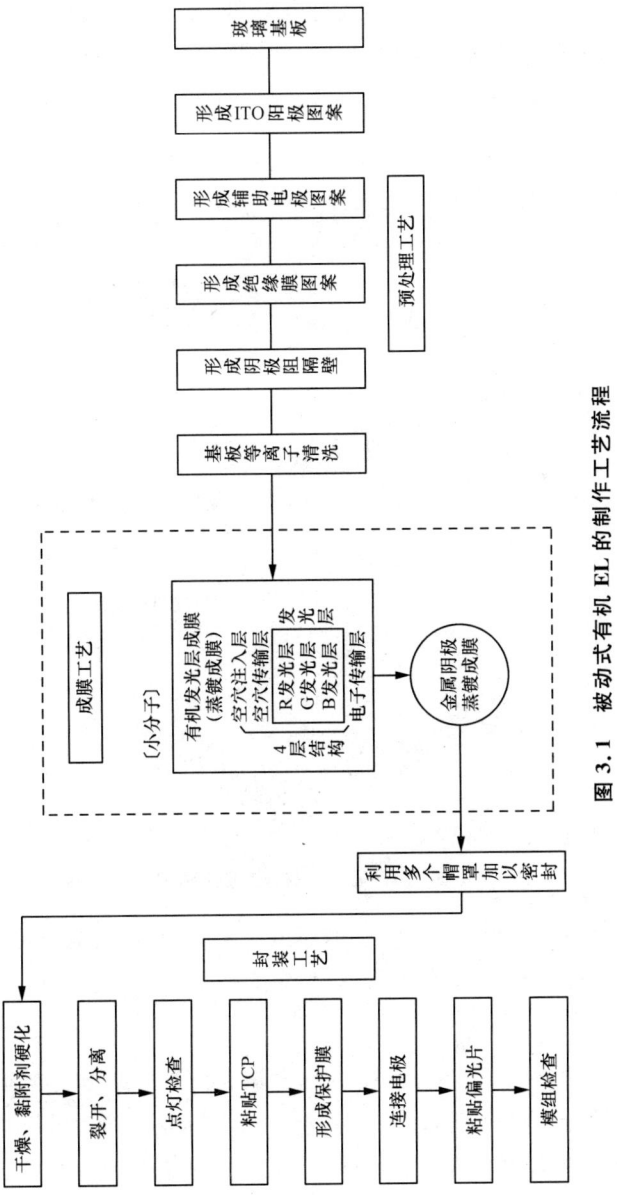

图 3.1　被动式有机 EL 的制作工艺流程

另外，沉积有 ITO 薄膜的"ITO 基板"已经在液晶显示上量产化，直接购买即可．

首先，是对购买的 ITO 基板进行电极（阳极）的图案化．很显然，ITO 基板，是在玻璃基板整个面上涂有一层 ITO 膜．ITO 作为阳极，与之后沉积的阴极（主要是 Al）形成"围棋盘"的形状，电压施加在它们的交叉部分．这通过将 ITO 薄膜不需要的部分去除（刻蚀）来实现．即保留 ITO 必要的部分，将其他部分剥离掉．这样的过程称为图案化（图 3.2）．

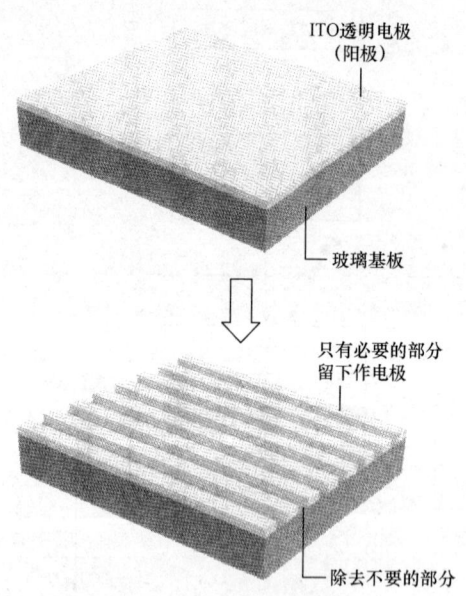

图 3.2　形成 ITO 电极的图案

其次，为了在图案化 ITO 的表面露出发光的部分，需制备绝缘层．一般来说，采用光刻胶的高分子材料作为绝缘薄膜．对于显示而言，形成对阴极图案化的隔离柱．

最后，由于基板上可能有残留的光刻胶、空气中的灰尘或者水汽，因此，需要对基板进行清洗处理①．首先通过湿法清洗，最后通过干法清洗．干法清洗是指对 ITO 表面进行紫外线（UV）臭氧处理或者氧离子处理．表面处理结

---

① 清洗处理：字面意思可理解为简单地清洗．清洗处理相当花费时间．灰尘、湿气是对器件最不利的影响因素．无论是半导体工艺、液晶，还是有机 EL，清洗工艺都是不可缺少的非常重要的工艺．

束后,接着在 ITO 薄膜(电极)上沉积各种有机功能薄膜.

3.2.2 小分子材料的真空蒸镀法成膜

在薄膜制备阶段,采用小分子或者高分子的有机材料,其过程是不同的. 首先介绍小分子材料的成膜过程. 需要指出的是,小分子材料的器件,采用多层构造(高分子材料的器件则采用单层构造),通过真空蒸镀的方法形成注入层、传输层、发光层等薄膜.

首先,在真空腔体的基板座上,把已经图案化的 ITO 基板(ITO 面向下)放置好,然后把准备好的小分子材料放入坩埚内,开始抽真空. 通过对坩埚高温加热,使材料开始气化[①],并附着在放置好的 ITO 基板表面. 这种蒸镀方法,由于在真空中进行,一般称做"真空蒸镀". 真空蒸镀的方法一般按照下面的顺序形成各层薄膜:

(1) 空穴注入层(ITO 的电极上).
(2) 空穴传输层(空穴注入层的薄膜上面).
(3) 发光层(空穴传输层的薄膜上面).
(4) 电子传输层(兼有电子注入层的功能,在发光层的薄膜上面).
(5) 阴极(电极)(电子传输层的薄膜上面).

各有机层的厚度约为 20～50 nm. 使用小分子材料的情况下,如上所述,是通过"真空干法(干燥状态)"成膜的.

3.2.3 高分子材料的旋涂法成膜

利用高分子材料制备有机 EL 的时候,往往不是多层结构,一般是采用单层结构(或者两层结构). 因此,高分子有机 EL 器件与小分子有机 EL 器件的制备过程相比,两者 ITO 表面清洗的过程虽然一样,但高分子的发光层沉积与小分子的多层膜的成膜过程(空穴注入层到电子传输层)完全不同. 由于只要制作一层高分子膜,与小分子多层膜相比,工艺上非常便利.

首先,将高分子材料在溶液中溶解[②],然后将溶液一滴一滴地滴落到 ITO

---

① 气化:不同的材料气化类型不同,既有从熔融状态到"蒸发态"的类型,也有从固态突然变成气体的"升华"类型.
② 高分子材料在溶液中的溶解:无论小分子还是高分子,对湿度都很敏感. 因此,虽然使用溶液溶解高分子,但不是使用水溶液,而是有机溶剂.

基板上.然后,旋转基板固定台,利用"旋涂(spin coating)"工艺将液膜全面均匀地覆盖在 ITO 基板上成膜.该工艺也称为"涂层技术".

高分子材料成膜的时候,在 ITO 的上面迅速地滴落发光层(不需要传输层和注入层).这意味着,高分子 EL 器件结构简单、制作容易,比蒸镀法相对便利.而且,不需要真空,不需要高温.

最近,高分子成膜不仅仅限于单层,也引入两层结构的方法,即在 ITO 电极上面先覆盖一层空穴注入层,然后再在它的上面旋涂发光层.

引入一层空穴注入层这样的缓冲层,旨在实现低电压驱动、长寿命的有机 EL 器件.

这样旋涂形成的液膜(溶解了高分子材料)干燥后,通过掩膜板,在必要的部分真空蒸镀形成电极(阴极).

3.2.4　电极(阴极)的形成

各种有机层成膜以后,最后镀上的材料是"背电极(阴极)".材料使用 Al 等金属,制备工艺多种多样.完整工艺流程见图 3.3[①].

公司的实际量产线中,既有使用电子束蒸镀的方法的,也有使用电阻加热蒸镀法的.作者正在调查新的具有高量产性的溅射方法.

§3.3　真空蒸镀和掩膜板方法——小分子材料

3.3.1　加热蒸镀、电子束蒸镀依据蒸镀材料划分

前面已经介绍了几种成膜方法,现在简单地概括一下.首先,小分子材料,使用真空蒸镀法成膜.真空蒸镀方法(图 3.4),有电阻加热蒸镀法、电子束蒸镀法等各种方法,但主要使用的是电阻加热蒸镀法.这种方法是在真空蒸镀机中放入盛有有机物的坩埚,通过对其内部的电阻丝通电加热使有机材料蒸发或者升华(气化),向固定的基板附着并最终成膜的简单的方法.

另一方法,电子束蒸镀法,是利用电子束照射下的非常强的能量使材料

---

① 图 3.3 中的蒸镀机(内部照片)是作者很喜欢的蒸镀设备.和量产设备不一样,它不是全自动的,自己可以边手动调节边操作,用起来非常舒适.图中可以见到 4 个坩埚.

§3.3 真空蒸镀和掩膜板方法——小分子材料

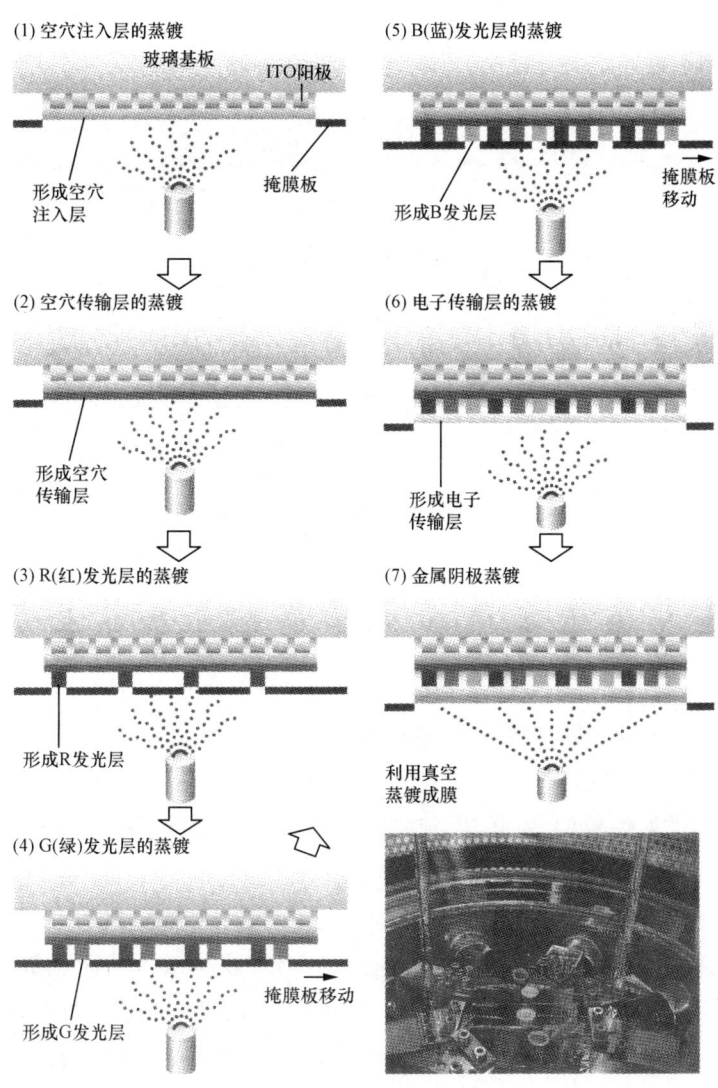

图 3.3 小分子系成膜工艺流程

(称为靶材)加热升华或蒸发,是一种结构非常坚固的方法.作为靶材的材料,如果是金属(无机物,例如铝),或者是氧化物(例如 ITO)时,在电子束照射下,材料的性质不发生改变.然而,若使用这种方法蒸镀有机材料,由于电子束的能量过大,会导致有机物自身分解.因此,对于有机 EL 器件,有机物层的蒸镀几乎都使用电阻丝加热蒸镀的技术.

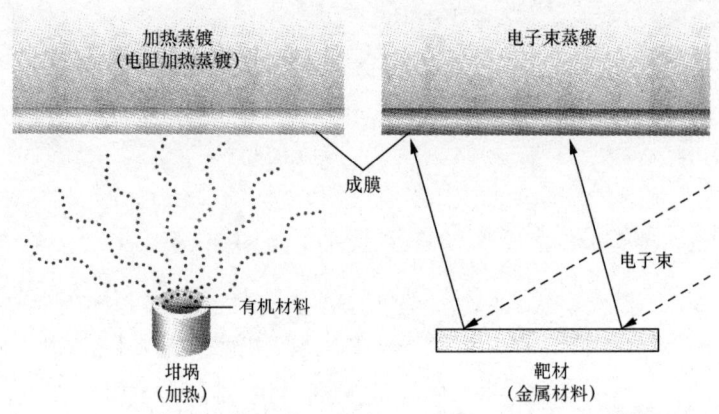

图 3.4 加热蒸镀和电子束蒸镀的不同

3.3.2 真空蒸镀的问题

真空蒸镀是非常好的制备薄膜的技术,但也存在几个问题.

第一,有机 EL 器件中有机薄膜的总膜厚为 $100\sim 200\,\text{nm}$ 左右.由于是制备非常薄的有机薄膜,这要求薄膜无针孔、无缺陷、均一性好($\pm 5\%$ 以下).但是,这也是非常困难的.尤其是当基板的尺寸变大时,要在整个基板上都蒸镀理想厚度的薄膜,是不可能精确控制的.

实际上,蒸镀源(粉末状的有机材料)放入坩埚开始蒸发时,材料以类似于烟雾状和气体状的形态挥发.这种情况下,如果基板保持原位放置的话,绝对不可能制备出非常均一的薄膜.也就是说,蒸镀源的正上方的膜会比较厚,边缘比较薄.有机层的膜厚达到最适合的膜厚时效果最好,如果厚度变化,器件的性能就会发生变化,而且器件的实用化将受到限制,这意味着产品的成品率下降.因此,为了解决这个问题,蒸镀源蒸发的时候,可将蒸镀源与基板中心偏离,并且将放置基板的固定台旋转,已达到整体的膜厚均一化.另外,也可通过改变蒸镀源与基板间的距离的方法,使膜厚维持一定,这一点非常重要.

第二,蒸镀源中的有机物的加热控制技术很难.与金属、无机物相比,有机物的热导率非常低.例如,将有机物放入较大的坩埚时,充料的时间间隔比较长.如果长时间使用坩埚,而其中又放入很多的材料,那么加热将集中在坩埚的壁上,内部的热扩散较难,因此不能顺利蒸发.这样,为了使材料较好地挥发出来,必须认真设计坩埚.这一点,是平板显示制造商的技术秘诀,但这种秘诀从设备企业却得不到反馈.因此,即使购买同一设备商的同一台机器,由于平板显示制造方在坩埚的设计上努力程度不同,所制造的终端样品也不一样.[①]

3.3.3 R、G、B 颜色区分——掩膜工艺

如果说同一种膜的蒸镀比较简单的话,要实现全色化显示,则需要各方面的努力.彩色化的机制后面将有叙述.简单地说,彩色化中的三原色 R、G、B 的有机染料必须在很窄的范围内分别蒸镀.为实现彩色化显示,这里介绍掩膜(shadow mask)方法.利用小分子材料的蒸镀实现全色化的途径(R、G、B 分别蒸镀),最广泛采用的方法是掩膜方法.

首先,在基板的前面设置很薄的金属板(掩膜板),只在掩膜板窗口的开口处蒸镀 R、G、B 三种有机染料(这里的有机材料为发光层).例如,最初完全蒸镀红色染料,然后将掩膜板稍微移动,蒸镀绿色染料,最后同样稍微移动掩膜板,蒸镀蓝色染料.这种将掩膜板的开口一点点移动,分别蒸镀 R、G、B 染料的方法,是小分子材料制造全色显示的一般方法.(图 3.5)然而,遗憾的是,还存在以下几个问题:其一是大部分 R、G、B 染料堆积在掩膜板上,造成大量的浪费.95%以上的有机材料在腔体的侧壁或者掩膜板的上面堆积.其二是显示器的精度要求很高,但掩膜板的整体热膨胀会使掩膜板的精确对位变得比较困难.关于这一点,我们会在下一节讨论.

3.3.4 掩膜板图案化的困难性

掩膜板工艺的难点,是高精细化对位比较困难.例如,为了制成 $50\ \mu m \times 100\ \mu m$ 的子像素排列的显示,要求掩膜板移动的精度必须在 $\pm 5\ \mu m$ 之内.

真空蒸镀的时候,坩埚需要加热到 $200 \sim 300\ ℃$(电阻加热蒸镀),它的热

---

① 坩埚的设计:即使购买同一厂商的设备,使用同样的按钮控制,也不意味着会制成同样的产品.无论是中国台湾厂商、韩国厂商还是日本厂商,每一天的早晨和晚上都不能保持一样的工艺水平.技术秘诀被显示厂商不断累积、掌握.

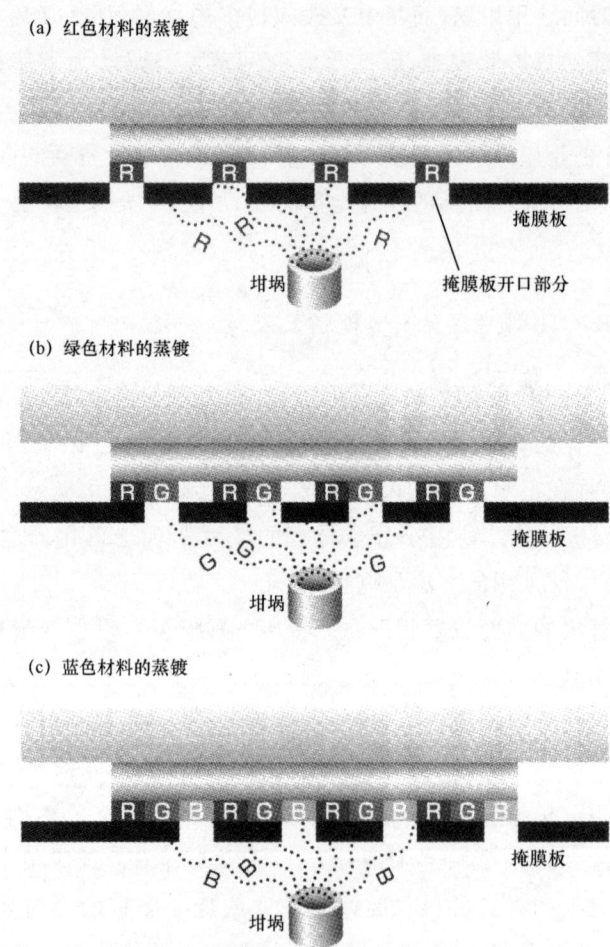

图 3.5　利用掩膜法涂布 RGB 材料(小分子系)

将辐射到掩膜板上,使掩膜板整体开始膨胀.这种膨胀将对制备过程产生一定程度的影响.例如,使用 400 mm 方形金属掩膜板的时候,由于蒸镀加热时产生膨胀,掩膜板的边缘将会产生几十微米的变形.虽然能保证 $\pm 5~\mu m$ 的移动精度,但是由于掩膜板本身数十微米的膨胀,R、G、B 染料的有效区域要么过大,要么两两染料重叠.

这是令企业头疼的问题.作为解决方法,蒸镀源(热源)和基板的距离可以稍微扩大,以减少热的辐射,从而降低掩膜板的热膨胀.但是,由于蒸镀源和基板的距离扩大,将会使部分气化的有机材料附着在基板上,使材料的利用率大幅度降低.另外,蒸镀一定膜厚所需的时间也会变长,使得企业的生产效率受到影响.这种方法有利有弊.

因此,要在外观尺寸为 1 000 mm 的基板上,使用掩膜板技术制备红、蓝、绿颜色区分显示的话,是相当困难的.

实际上,也有不使用掩膜板实现小分子全色显示的方法.很多企业正在研究使用白色发光器件与彩色滤光片组合的方法,制备全色显示.

§3.4 旋涂技术和喷墨打印工艺——高分子材料

3.4.1 旋涂方法是实验室的研究方向

制备高分子 EL 器件的时候,因为以单层构造(只有发光层)为中心,成膜工艺比较简单.在大学或者研究所制备的样品,较多使用这种简单的旋涂方法.旋涂制备高分子薄膜的方法,从过去开始,就是一般的方法.旋涂的技术,如图 3.6 介绍的,首先配置溶液,然后将溶液垂直地滴在需旋涂的表面,再快速旋转基板,最后制成薄膜.旋涂方法的优点是简单易操作,但也存在几个缺点,很难实用化.

首先,材料的使用效率较低.对于我们研究人员来说,旋涂法很简单,能很快制备器件,多用于材料的性能评价.但是,到了量产阶段,材料利用效率的高低决定了材料能否广泛使用.溶液垂直滴下来,当固定台旋转时,向外部甩液,从而制备薄膜.实际上,用于成膜的溶液还不到 5%~10%.其余超过 90% 的溶液,被附着到旋涂机的壁上,如图 3.6 所示.

其次,膜厚难以控制.如果研究室制备的样品较小,还比较适合旋涂.但是当到量产阶段时,样品的尺寸会变得很大(否则成本不合算).例如,在 400 mm 方形尺寸的基板上利用旋涂法成膜时,膜厚的均一度要达到 ±5% 以下是非常困难的.因此,量产时,不把旋涂当做首选技术.即使使用这种技术,基板的大小不应高于 200 mm(方形)左右,而这又会降低生产的效率.

再有,对于全色显示的制备,R、G、B 颜色区分成膜是必要的,但旋涂法不能实现,仅限于单色显示.这意味着必须开发新的高分子成膜的方法.

(a) 旋转涂布法示意图

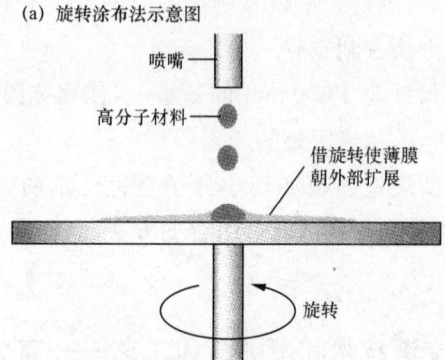

(b) 实验室中的旋涂情形

(c) 端部附着较多溶液

图 3.6　旋转涂布

3.4.2　R、G、B 颜色分别旋涂——实用的喷墨打印技术

在考虑高分子 EL 器件的量产时,由于旋涂方法很难使用,实际上需要采用更加有效的方法。以日本爱普生为首[①]的喷墨打印方法是目前最有效的方法.

---

① 爱普生领先:除了爱普生外,在日本,还有东芝和松下显示公司尝试采用喷墨打印进行有机 EL 显示.

这种方法,通过喷墨打印的给料头使 R、G、B 染料只落在必要的部分."R、G、B、R、G、B"分别涂液,并且几微米的间隔也能够控制.这意味着喷墨打印技术完全是一种突破性的有机 EL 器件的制备技术.(图 3.7)

(a) 喷墨打印法示意图

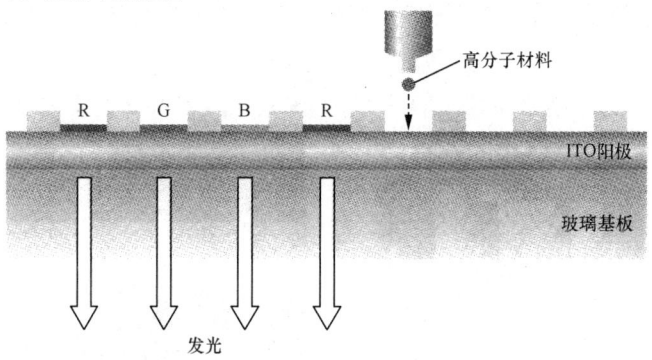

(b) 喷墨图案形成装置
专门制作有机EL的喷墨打印装置外观

(c) EL墨水的弯月面 (meniscus) 控制

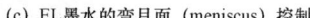

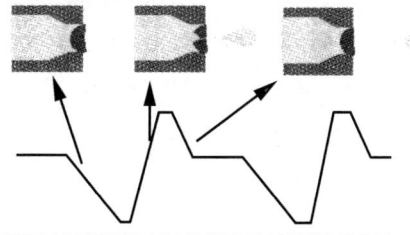

利用压电元件强制对弯月面振动予以制震的概念图

图 3.7　喷墨打印法进行 RGB 的涂布(高分子材料)
照片提供:精工-Epson 木口浩史

利用旋涂方法制备高分子 EL 器件,90%~95%的大量有机材料会被浪费掉.与此相比,使用喷墨打印技术,几乎不损失材料,有机材料的利用率有了飞跃性的提高.目前,有机材料的成本很高,如果采用材料的利用率很高的工艺,生产成本可能大幅度地下降.

尤其是旋涂方法只能进行基板整个面的涂液成膜,而喷墨打印更适合全色器件的制备,这可以说是非常大的优点。

3.4.3 革命性的大日本印刷公司的印刷工艺

喷墨打印方法制备高分子薄膜(R、G、B染料分别成膜),基本上是印刷技术的应用。印刷技术,有活版印刷、丝网印刷、平版印刷、凹版印刷等各种各样的技术。大日本印刷公司(DNP)报道,不仅限于使用喷墨打印技术,通过凹版印刷,也同样实现了高分子材料的R、G、B染料分别成膜(图3.8)。①

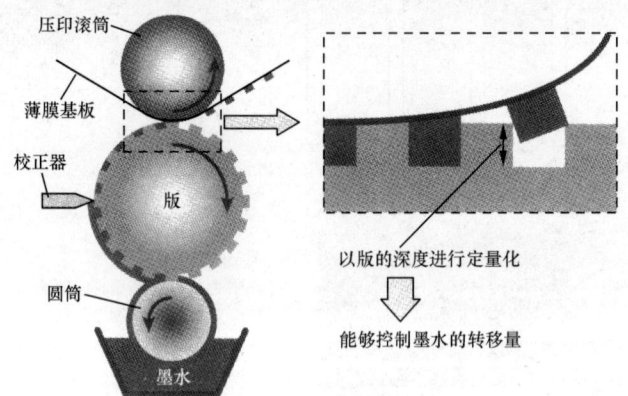

图3.8 大日本印刷公司的凹版印刷方式

凹版印刷既能全面涂膜,也能实现微米级的R、G、B染料分别线状成膜。并且凹版印刷能够像画画一样制备有机EL。发光的有机EL画报也能制造出来。

另外,凹版印刷的方法和喷墨打印的方法一样,具有材料利用率很高的特征。这意味着,高分子有机材料EL器件与小分子材料EL器件相比,寿命虽然较短,但是如果发现解决寿命问题的材料,并使用超高效率的印刷技术,高分子EL将变得非常有意义。

§3.5 阴极隔离柱的想法

3.5.1 倒三角形阴极隔离柱的想法

阴极隔离柱是如何形成的?对于被动式OLED显示(PM-OLED),与阴

---

① 印刷技术:也有其他有报道的制备有机EL的印刷工艺,如喷洒印刷、丝网印刷等。

§3.5 阴极隔离柱的想法

极相同的条状图案化是必要的.制备有机EL器件的时候,如果在有机薄膜成膜之后,阴极金属全面覆盖在有机薄膜之上,然后利用将金属电极刻蚀的方法制成条状电极,就会破坏有机薄膜.因此,电极形成前,必须进行图案化.

这里,有一个有趣的想法.在小分子的流程图中,可以看到"阴极隔离柱"的文字,这是先锋公司提出的想法.

如图3.9所示,从横截面看,先要在ITO基板上通过光刻的方法形成光刻胶倒三角隔离柱,然后沉积有机薄膜.

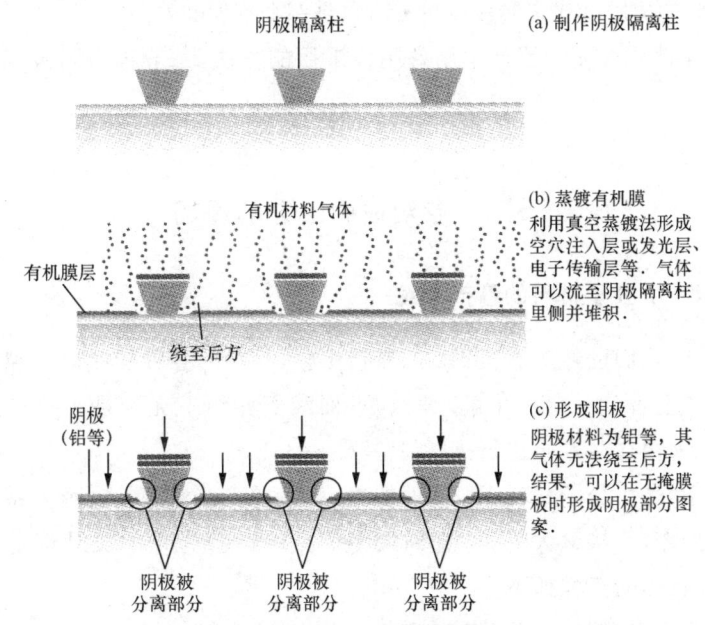

图3.9 利用阴极隔离柱在不使用掩膜板时形成图案

在条状ITO图案的上面,在与其垂直的线上形成倒三角的隔离柱.将基板放在真空中,ITO的上面蒸镀有机薄膜.有机薄膜像松软的雪般飘落、堆积.倒三角的内侧,气化的有机材料可以充填进去,形成和有机层一样的薄膜.如此堆积了好几层有机层.

接着,再沉积一层金属电极的时候,由于倒三角的原因,气化金属不能填入内部(倒三角与ITO接触的部分),从而形成电极的隔离.结果,隔离的部分是一细线.因此,不使用掩膜板,电极的图案化就可以形成.①

---

① 像素尺寸较大的时候,阴极使用掩膜板蒸镀.

一般情况下，ITO整个表面都沉积着有机物，然后通过放置的掩膜板的窗口沉积Al金属，形成PM有机器件. 这里的想法是，不使用掩膜板，而是事先制造倒三角的构造，阴极被倒三角自动分断，从而形成图案化的有机EL器件.

有机物的蒸发，就像雪花一样在腔体内飘浮，落到蒸发室内可以达到的任何地方，慢慢地堆积起来. 因此，有机物可以"不由自主"地沉积到倒三角的里面. 但是，如Al等金属气体，它们直线地飞行. 因此，金属气体不能绕过倒三角沉积在与ITO接触的地方，结果形成电极的自动隔离. 利用有机材料和无机材料（阴极）不同的成膜方式来制成有机EL，这是一个有趣的方法.

这是在被动式显示器件中制备阴极采用的方法，一般称为阴极隔离或者隔离柱.[①]

§3.6 参观成膜工艺的现场

3.6.1 小分子材料的量产系统

到现在，我们已经对有机EL的制造工艺、存在的各种问题以及相应的应对技术总体上有了一定的了解. 那么，下面我们介绍下无论是小分子还是高分子，应该采用什么顺序进行EL制备.

图3.10是小分子材料EL器件的生产体系的一个实例. 这个体系几乎全部是自动操作，不接触大气，一直到最终产品（封装）为止的成品都是在体系内实现的. 具体的流程如下：

- 搬运的机械臂将玻璃基板从置样室[(2)]取出.
- 玻璃基板预处理——等离子洗净等[(3)].
- 清洗结束后的玻璃基板，在真空室(4)~(6)沉积注入层、传输层和发光层.
- 最后蒸镀金属电极[(7)].

使用这样的"成膜工艺"后，再将有机EL器件的基板通过送样室传递到下面的工艺，也就是"封装工艺"，完成整个制造过程.

这个实例是小量生产线的情况，如果是企业量产体系的话，图中的蒸镀

---

① 阴极隔离柱的技术，是先锋公司使用日本Zeon公司的光刻胶开发的.

§3.6 参观成膜工艺的现场　　51

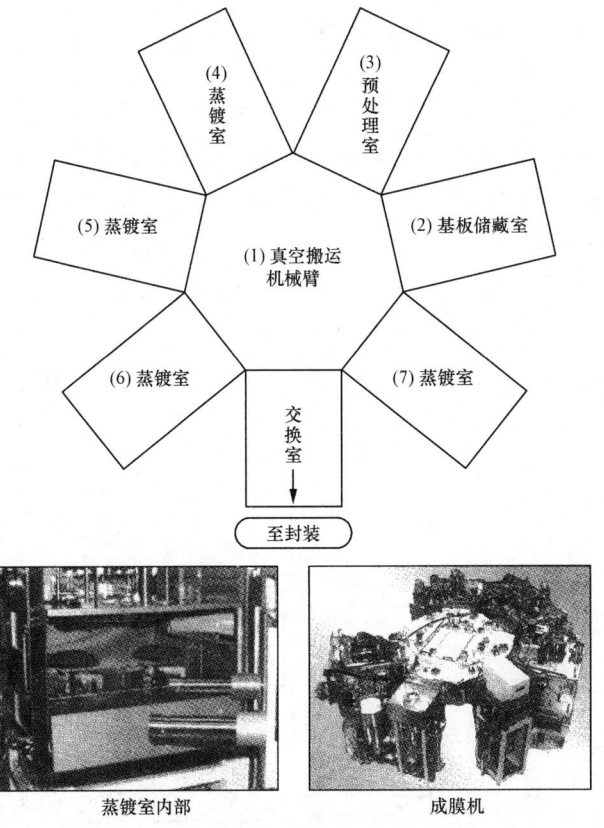

图 3.10　实际成膜过程（小分子材料）

资料提供：日本 Tokki 公司

室有 7～8 个，而且还有预备室.

我们知道，小分子 EL 器件采取多层构造，基本上是 4 层结构（空穴注入层、空穴传输层、发光层和电子传输层、电子注入层）. 因此，可将多台真空蒸镀机并置，在一个蒸镀机中连续不断地蒸镀同一种材料. 而 ITO 基板在这些蒸镀机中一个接一个地传送，将有机材料一层接一层地蒸镀上去. 这样，一条全色显示用的量产生产线，既要有空穴传输层到电子注入层的 4 个有机层和分别蒸镀 R、G、B 三种颜色染料的蒸镀机，又要有预备室，总共需有 7～8 层的蒸镀机并置.[①]

---

①　7～8 层的蒸镀机并置：如上所述，是和图 3.10 中 4 个蒸镀室一样的量产机械.

3.6.2 高分子材料的量产系统

图 3.11 是下面要介绍的高分子 EL 的生产体系.过去高分子 EL 器件多采用单层结构,最近增加空穴注入层作为另一层,涂在发光层之前,形成两层结构.这个实例,前面已经说明,首先涂上一层空穴注入层,然后连续印刷上发光层(R 层、G 层、B 层)的染料.所有层的沉积均采用喷墨打印的工艺.

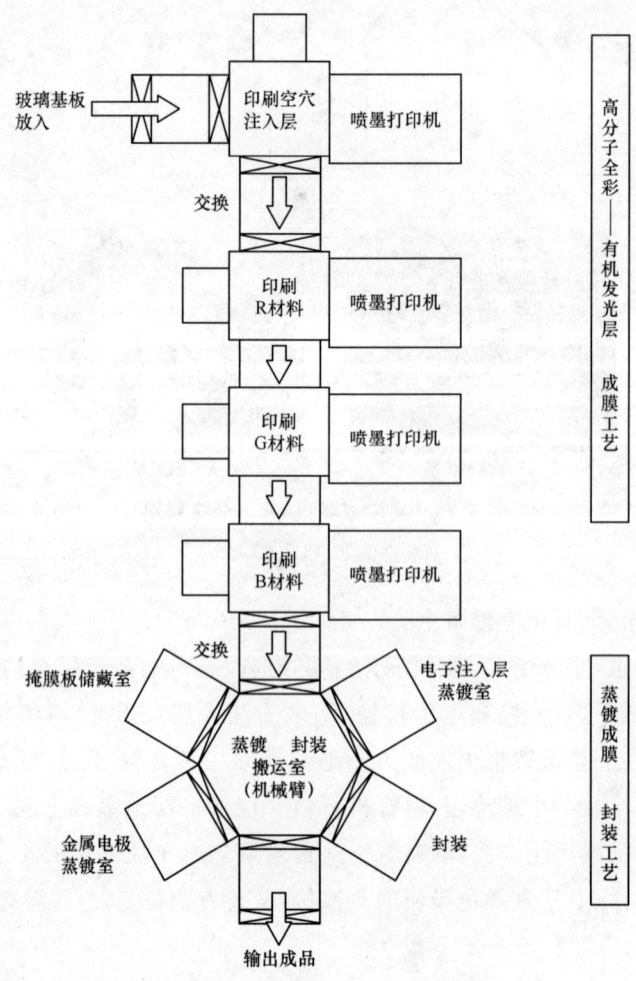

图 3.11 高分子 EL 的实际制造过程
资料提供:日本 Tokki 公司

熟知实际的生产线的流程，不仅能懂得各种理论，也会对生产工艺有更深的理解．

§3.7　参观封装工艺的现场

3.7.1　湿度是器件退化的主要因素，器件的封装保护

最后的工艺是封装工艺．通过成膜工艺完成的有机 EL 器件，如果未经封装就取出到大气中的话，大气中的水分将会使电极发生氧化．为了防止电极受到大气的影响，必须采取必要的手段，即封装工艺（玻璃盖封装）．

封装的机理很简单，即使用玻璃或者金属将器件封闭．玻璃和器件的结合不适合用密封胶，这有些不可思议．为什么这么说？实际上，密封胶也是一种高分子，[①]通过显微镜观察发现，它的结构很疏松，气体很容易进出封装室．虽然玻璃盖能排除空气，但在接合部分却不能保证十分安全．因此，由于湿气能够通过接合部的缝隙进入，吸收湿气的措施是必要的．

具体来说，如果在封装盖上附着一个称为吸气剂[②]的干燥剂，确实能够将进入封装室的湿气吸收掉．这样，即使过了很长时间，电极也不会受到影响，器件因此能够保持长期稳定的状态．

3.7.2　封装体系

图 3.12 是封装工艺的流程图．

前面已经介绍了，在小分子 EL 器件的实例（图 3.10）中，镀膜完成的样品通过最后传送室转到下一步的封装工艺，具体包括如下步骤：

- 首先，搬运机械臂将成膜工艺完成的玻璃基板送到检查室[(10)]，在这里，进行有机 EL 的性能检查．
- 检查后，利用 UV 将封装盖封装[(11)]，封装结束．

封装不仅采用 UV 封装，还必须考虑露点温度、充填氮气等正确的控制手段．在一枚基板上，附有玻璃盖封装的有机 EL 器件可以是多个．最后，将驱

---

① 密封胶也是一种高分子：高分子是像细麻布一样松软地连在一起的，具有一定的缝隙．
② 吸气剂：氧化钙或者氧化钡等，能和水发生反应，生成氢氧化物，从而吸收水分子．

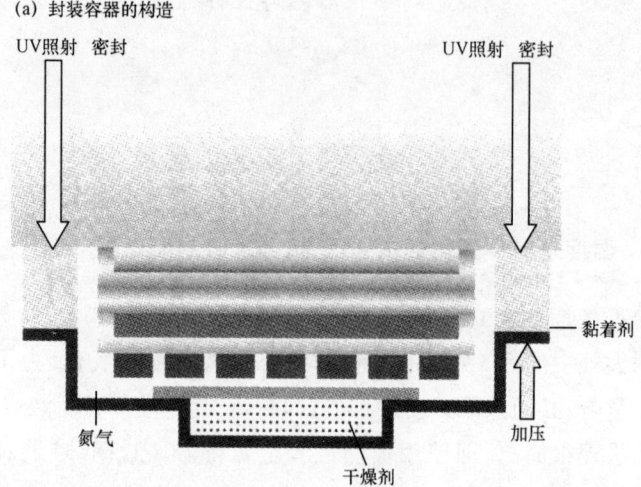

(a) 封装容器的构造

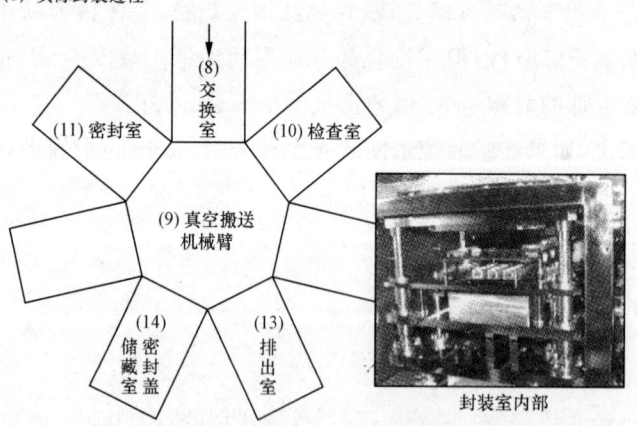

(b) 实际封装过程

图 3.12 封装设备及封装过程

资料提供：日本 Tokki 公司

动 IC① 等与器件组装在一起,完成整个过程.

对于半导体,切割芯片(芯片研磨、切割机械)本身已经成为一个行业.有机 EL 不需要特殊的机械,用金刚石玻璃刀就可以很容易地切割.

---

① 驱动 IC:有机 EL 的电极驱动方式有两种,被动(无源)式和主动(有源)式(TFT 类型).被动式最后的工艺是组装驱动 IC,主动式则是于最初的阶段在基板制备驱动 IC.这里先简单提出被动式的概念,在第 4 章将进一步详细讨论.

§3.8 不用玻璃盖封装,直接采用薄膜封装

3.8.1 朝着平面薄膜封装努力

有机 EL 显示(面板)越薄越好,利用又薄又软的塑料基板,可望实现电子纸(第 5 章)显示.对于玻璃盖封装,玻璃的厚度是一个令人烦恼的问题.有机层的膜厚 4 层合在一起只有 100~200 nm 左右,[①]电极和基板也很薄.但是,最后使用的玻璃盖却厚厚地向外突出,使前期在减少厚度上的努力落空.因此,应尽可能去掉玻璃盖,制成平面薄膜封装的器件.

然而,到目前为止使用的还是玻璃盖封装,不能实现非常薄的薄膜,那么朝着什么方向努力呢? 现在,金属氧化物和氮化物是最理想的候选,有希望得到极薄的玻璃样的薄膜.玻璃或者陶瓷,对空气有很强的阻隔能力.如果使用它们制成的薄膜覆盖在有机 EL 器件的上面,那么就可以从上面防止湿气的进入.[②](图 3.13)

但是,制备封装薄膜很难.因为,要在器件上面沉积很坚固的无机薄膜,虽然采用迅速的强离子冲击的溅射方法较好,但是沉积在松软的有机 EL 器件上时,必须使用对薄膜损伤较小的方法.[③]首先考虑的是化学气相沉积方法(CVD),它可以与溅射方法一样,制备同样材料的薄膜.CVD 方法是与蒸发加热一样,像雪花降落一般轻轻地沉积的方法,能够沉积非常柔软的薄膜.使用同样的材料能够制备同样的薄膜,但因材料到达基板方式不同,所用的沉积方法就不同,这是有机 EL 器件制备过程中必须注意的事项.但是,使用 CVD 方法所需时间较长.

---

① 100~200 nm:我们大多使用 1 000 Å($1\ \text{Å} = 10^{-8}$ cm)的记法,用纳米(10^{-9} m)表示则为 100 nm,或记为 0.000 1 mm(换算成微米的话,为 0.1 μm).这是指 4 层的总厚度.

② 也有使用封装薄膜作为塑料薄膜的水汽阻挡层的情况.这时,基板也使用柔性薄膜,器件薄片化.

③ 实际上,在 Al 电极上溅射沉积封装薄膜时,热以及产生的等离子将使器件加速退化.

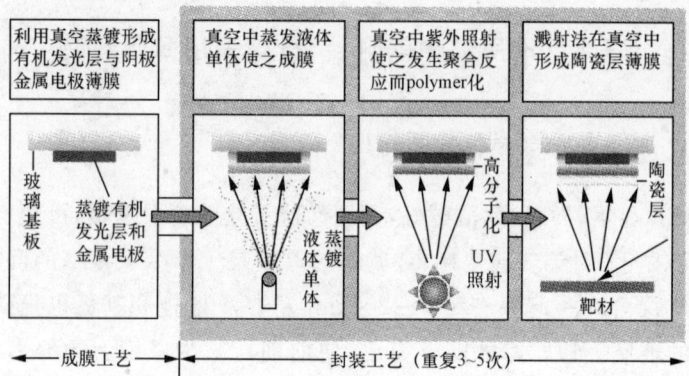

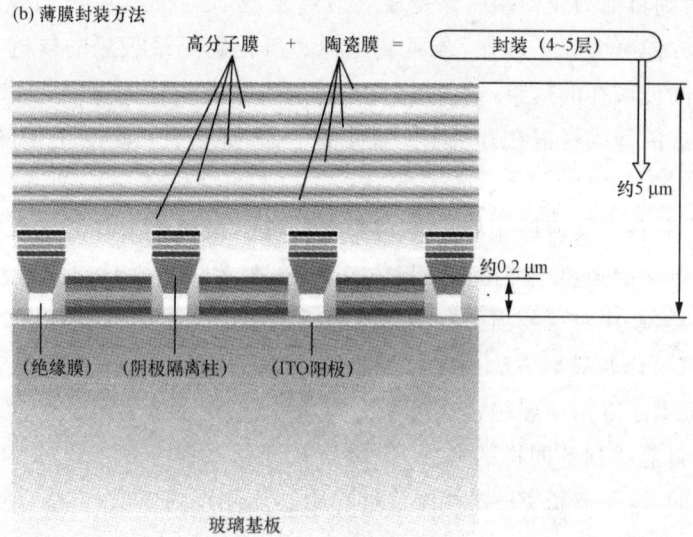

图 3.13 薄膜封装

参考日本 Tokki 公司提供的资料

3.8.2 薄膜封装的过程

图 3.13 所示,是以薄膜封装代替玻璃盖封装的薄膜封装工艺过程. 实际上,一层氧化物作为最后的保护层,完全保护器件不受水汽影响比较困难. 多对高分子薄膜与氧化物薄膜交替成膜,能够显著提高封装效果. 这种想法是

由美国风投公司 Vitex 提出的. Vitex 与日本设备商 Tokki 合作,共同开发封装设备.

按照这个例子,如果 4 层有机层的厚度是 $0.2\,\mu m$ 的话,保护层总共的厚度约 $5\,\mu m$. 可以说,封装层要比实际有效层的厚度大得多. 但是,以人类肉眼识别的限制看来,$5\,\mu m$ 基本可以看做厚度为零. 基板的厚度几乎是器件整体的厚度.

现在,有机 EL 显示的厚度约为 $1.4\,mm$,如果去掉玻璃盖,EL 显示的厚度将下降到 $1\,mm$ 以下.

第4章　显示技术和市场

§4.1　两种驱动方法

4.1.1　将三原色并置,以实现全彩化

有机 EL 显示的全彩化构造和彩色电视机以及液晶的显色构造基本相同.

(1) 首先将光的三原色 RGB 小像素排列在基板上.

(2) 根据三原色的输出方法,用混色法组合成很多不同的颜色.

这种方法称之为"并置法". 如图 4.1 所示的是 RGB[①] 器件的"横向并置法". 与之相对的有"纵向并置法",即将 RGB 各器件重叠,使其成为 1 个像素产生各种颜色,但这种不常用. 我们将 RGB 各个像素称为"小像素",将 RGB 三原色的结合称为"1 个像素"(1 pixel).

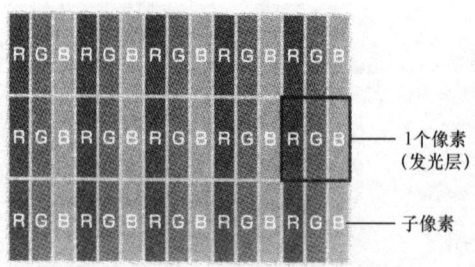

图 4.1　RGB 像素的分布方法

"并置法"就是将 RGB 的超小像素按照顺序进行排列. 由于人眼的分辨率是有限的,对于在空间距离上非常靠近排列的色点,当其离人眼有一定的距离并对人的视觉张角小于 1°时,人眼就无法分辨这些点,只能观察到它们

---

① RGB:称为光的三原色,分别对应红(R,red)、绿(G,green)、蓝(B,blue). 这三种颜色分别两两搭配、组合可以配制各种颜色,将三原色全部混合形成白色. 另外,绘画的颜料的三原色是蓝、红、黄.

的混合色.并且根据3个小像素发光强度的不同,人眼会觉得"1个像素"有时候呈黄色,有时候呈紫色.

实际上,对于像素的发光,有两种驱动方式:被动式(passive matrix,PM,无源矩阵驱动式)与主动式(active matrix,AM,有源矩阵驱动式).当然,用于有机EL的全彩技术时也使用这两种驱动方式.根据驱动方式的不同,电极部分(阳极、阴极)的制作也不同.

4.1.2 无源矩阵驱动式的构造——纵向和横向的交叉点为开启状态

无源矩阵驱动式是指两个电极(阳极、阴极)在纵向和横向相交叉,通过选择交叉点使其发光来表现文字和图画.(图4.2)它的构造比较简单,制造成本较低.LCD中一般使用"STN-LCD,TFT-LCD"来说明驱动方式,正确的分类为:

- STN-LCD(超扭曲向列液晶)——无源矩阵驱动式.
- TFT-LCD(薄膜晶体管液晶)——有源矩阵驱动式.

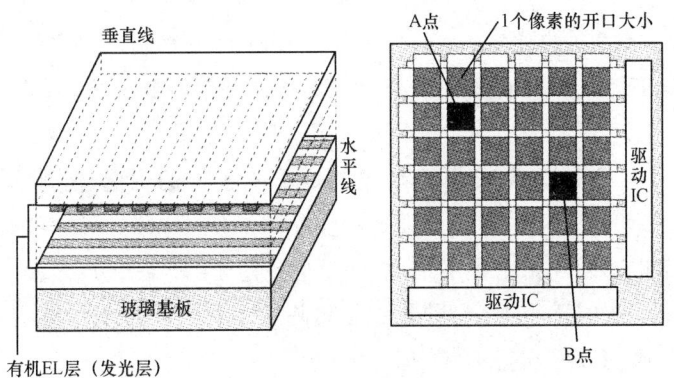

图4.2 无源矩阵驱动方式的构造(电极)

无源矩阵驱动式不仅有STN型,还有其他类型.同样,有源矩阵驱动式也不仅只有TFT型.它们只是这两种类型的典型代表.

有机EL和LCD一样,也有"无源矩阵驱动式"和"有源矩阵驱动式"之分.但是,有机EL的无源驱动并不等同于STN液晶.本书中,我们采用"无源矩阵驱动式"和"有源矩阵驱动式"的概念,但根据需要,也用到"TFT",在这种情况下指有源矩阵驱动式.

首先介绍无源矩阵驱动式.使用无源矩阵驱动式的有机EL,要使A点和

B点发光,是按照顺序扫描的。如图4.2所示,这种驱动方式按照从上到下的顺序,使A点和B点依次发光,因此和电视机的扫描线一样,存在时间差(时间分割)。在高亮度下使一个点发光,接着下个瞬间使另一个点发光,利用留在人眼睛里的残留画像,使人识别图片和文字,这就是无源矩阵驱动式的原理。

现在假如显示屏需要100 cd的亮度,有480根线,瞬间需要的亮度就是$100 \times 480 = 48\,000$ cd。也就是让其一瞬间发光,就需要约50 000 cd。这必须要加很高的电压才能实现。但是因为人的视觉感受被其平均化,感受到的整个画面的亮度就只有100 cd。

无源矩阵驱动式的优点在于构造简单,因此屏幕的制造成本较便宜。难点在于需要很高的瞬间亮度,这就造成大量的功率损耗。而且在大的电流密度下会大大耗损发光材料的使用寿命,从而减短元件的寿命。

但是,由于无源矩阵驱动式构造简单,所以它先于有源矩阵驱动式达到了商品化的目标。目前使用在手机屏幕、汽车音响部分的有机EL都是无源矩阵驱动式的。

"STN-LCD价格便宜,品质不好。"STN-LCD虽然制造成本便宜,但画质非常差。当TFT-LCD(有源矩阵驱动式)的量产实现低成本后,就会被之所代替。

虽然有机EL的无源矩阵驱动式和LCD有同样的构造,但是人所看到的画面的美感程度是不同的(有机EL和液晶的画质不同)。无源矩阵驱动式有机EL与STN-LCD相比自不用说,同时也凌驾于TFT-LCD之上。因此就画质方面来说,与LCD相比,即使是无源矩阵驱动式的有机EL,观者也会感到有机EL的画面要漂亮得多。

因此,有机EL不会如LCD一样,单纯地从"无源矩阵驱动式发展到有源矩阵驱动式",而是根据用途、成本的不同用在不同的地方。因此无源矩阵驱动式也会有力地确保其在市场的份额。

4.1.3 有源矩阵驱动式的构造——各像素自带开关

无源矩阵驱动式是行与列在同时扫描的状态下,相互交叉的点发光。有源矩阵驱动式是指每一个发光器件(无源矩阵驱动式所说的交叉点)都能够独立地发光.(图4.3)一个像素可以只用一个TFT①,也可以用2~3个TFT. 用TFT来控制发光亮度,发光所需的电流由电容器(capacitor)②提供.

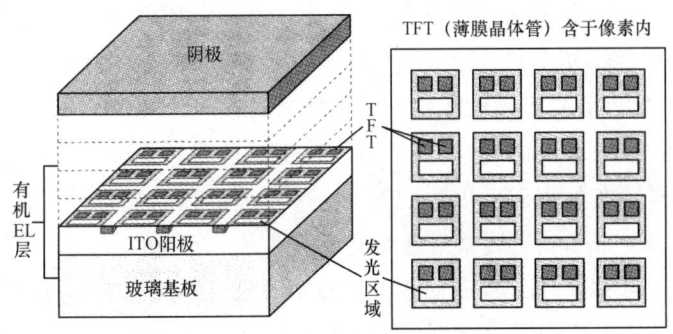

图 4.3 有源矩阵驱动式的构造

因此TFT-有机EL不是像无源矩阵驱动式那样依次让每一个像素瞬间发光,而是为每个有机EL像素设置了薄膜晶体管(TFT)和信号存储电容来驱动. 由于使用TFT驱动每个像素,使得发光元件在整个帧周期的时间里都是点亮的,所以如果需要100 cd亮度时,整体也只要100 cd就可以完成.与无源矩阵驱动式相比,具有低压驱动、低耗电量、高效的特点,像素的寿命也可延长.

但是,因各个发光器件上都有TFT,相应的制作成本会变高.这一点和LCD是相同的.

4.1.4 与液晶材料的不同——为什么是"低温多晶硅"

有机EL属于"电流驱动",而LCD属于"电压驱动",这个不同将影响到用于制作TFT的材料的选择.硅系的材料里有单晶硅(monosilicon)、多晶硅(polysilicon)和非晶硅(a-Si)这3种代表,从产业方面的应用来看,

- 半导体产业→单晶硅.
- LCD产业→多晶硅以及非晶硅.
- 有机EL产业→多晶硅(非晶硅).

虽然有机EL和LCD比较相似,但在这之前非晶硅没有用在有机EL上.

---

① TFT是thin film transistor的简称,译为薄膜晶体管.有源矩阵驱动式可在每个子像素都搭载一个TFT,这样,可以完成对单个目标像素的开关控制.
② 电容器(capacitor):蓄电器.电容量表示蓄积电荷的能力.

这是因为非晶硅载流子(指电子和空穴)的迁移率比较低,与多晶硅相比,形成的电流小,不能得到所需的亮度.但如果 a-Si TFT 能够通过增大沟道的宽度来增加电流,或者发光器件使用磷光材料能够实现低电流驱动,那么 a-Si TFT 也能用于驱动.[①]

多晶硅里有低温多晶硅和高温多晶硅两种,LCD 和有机 EL 应用的是低温多晶硅."低温"、"高温"的区别只不过在于制造时的温度差异而已.即使叫低温多晶硅,工艺处理温度也达到 600~700℃(高温多晶硅的工艺处理温度在 1 000℃以上),和我们通常对低温的理解是完全不同的.

单纯从"迁移率"来说,高温多晶硅的性能好.但低温多晶硅可以使用价格便宜的玻璃,而高温多晶硅则需要使用能够承受 1 000℃高温的材料(昂贵的石英玻璃).实际上,低温多晶硅的迁移率就足够了.成本、制造的容易程度使低温多晶硅被应用.

4.1.5 有源矩阵驱动式会比无源矩阵驱动式便宜吗

在有机 EL 领域,无源矩阵驱动式和有源矩阵驱动式的概念和 LCD 有些不同(表 4.1).对于 LCD,STN-LCD 和 TFT-LCD 的区分已经形成,STN-LCD 只使用于比较廉价的商品,目前其在日本的生产量也在减少.因为 TFT 的价格高,最初被投入市场的是 STN-LCD.而随着 TFT-LCD 实现大量生产后成本降低,画质差的 STN-LCD 就会被驱逐出市场.

表 4.1 无源矩阵驱动式和有源矩阵驱动式的比较

	无源矩阵驱动式	有源矩阵驱动式
驱动方式	非常时点灯	常时点灯(静态驱动)
耗电量	×(大) 例:100 cd 时,如果竖线有 200 条,则需 100×200=20 000 cd.	○(小) 例:100 cd 时,和线的数量无关,只要 100 cd 就可以.
驱动 IC 和发光面积	驱动 IC 外装,发光器件面积大.	将驱动 IC 内藏,因此有发光器件面积变小的缺点.
成本	制作程序简单,价格低.	制作程序复杂,如能够一道程序完成,有比无源式便宜的可能性.

---

① 非晶硅:已经开始采用非晶硅制备有源有机 EL 的研究.据预测,将来会在中小尺寸采用低温多晶硅,而在大中尺寸采用非晶硅技术.

两者成本的差异主要在于外装的驱动器 IC(driver IC)和自带的 TFT(半导体).无源矩阵驱动式和有源矩阵驱动式的显示屏在构造上有很大的不同.驱动无源矩阵显示屏需要外装驱动器 IC,而驱动器 IC 的价格很高,占了显示屏模组(module)(包括屏幕和 IC 部分在内)价格的一半以上.但是因为其只需要做纵向、横向的电极,所以构造简单,屏幕量产也无需花高成本.它的难点在于外装驱动器 IC 价格难以降低.另外,将 IC 和电极连接的工艺很耗费时间,并且难以实现高精细化.

与之相比,TFT 型需要在每一个发光器件里装有两个左右的 TFT,成本高,但有机 EL 可以不使用单纯的量产方法,可以使用低温多晶硅.还可以将高价的驱动器 IC 也做在基板上,这样就可以省去外装的驱动器 IC 的费用.同时,和外部连接用的配线也可以减少.所以对于小型高精细的显示器,显示屏的模组不仅小巧,而且极其容易生产.

只要低温多晶硅的基板价格降低,有源矩阵驱动式有机 EL 的价格就有比无源矩阵驱动式价格便宜的可能性,而这个可能性在液晶显示中是无法实现的.

原理上液晶与有机 EL 一样,液晶的研究者也在研究用低温多晶硅来制作全部的驱动器 IC.刚才介绍过,a-Si 通过努力可以变得非常的便宜,然而液晶却没有往这个方向(向低温多晶硅发展)进一步发展.

对于有机 EL,因非晶硅 TFT 的电流低,从一开始就特别适用于低温多晶硅,有了实现在 LCD 上不可能实现的"有源矩阵驱动式和无源矩阵驱动式的价格逆差"的可能性.特别是考虑到制造低温多晶硅 TFT 公司的增加,将来的低温多晶硅基板一定会变得越来越便宜.

4.1.6 TFT 制作的发展

商品化的有机 EL 产品,无源矩阵驱动式先行了一步.但是不仅在性能方面,而且在价格方面,特别是全色彩显示屏,有源矩阵驱动式会比无源矩阵驱动式更具有发展潜力.

实际上,用于有机 EL 的 TFT 基板的制作水平正在提高.三洋电机的岐阜工厂和东北先驱者及半导体能源研究所合并成的 EL DIS(EL display),在有机 EL 用的产品的制作工艺上取得了很大发展.东芝已实现了 LCD 的低温多晶硅基板的量产化.因为 LCD 上的工艺可以直接应用到有机 EL 上,可以说有机 EL 用的低温多晶硅 TFT 基板的量产也在逐步完善.

对于液晶,人们会有这样的观点:"无源矩阵驱动式(STN-LCD)虽然便宜,但是视觉感受不好;有源矩阵驱动式(TFT-LCD)虽然贵,但是美观."确实,对于液晶来说,不同的驱动方式使得画质有很大的差距.但对于有机 EL 来说,无源和有源驱动,从画质上来讲是没有区别的,都很漂亮,并且都比 TFT-LCD 要漂亮得多.这就是自发光型(有机 EL)和透过型(LCD)的区别.这个特性使有机 EL 能编织出所有漂亮的颜色.

§4.2 电视机是顶发射型显示

4.2.1 发光面积变小的有源矩阵驱动(TFT)

有源驱动就是将 TFT 一起制作在电极上(复合化),但也存在问题,最大的问题就是"发光部分的比例(发光面积比率)[①]变小".

首先,无源驱动式有取得很大发光面积的可能性.只要将电压加在阴极和阳极的交叉点,如果需要蓝色,就使单色的蓝色像素发光.

无源驱动可以将像素面积的 80% 用于发光面,并且驱动器 IC 等是外装的,因此不影响每一个像素.而有源驱动(TFT)却不能实现,因为它的每一个像素里都带有 TFT(半导体)和电容的回路,因此实际的发光面积被削减而导致变小,只占到像素面积的 20%~30%.

在这种情况下,有什么不好的情况发生呢?假如现在需要平均面亮度 100 cd,发光部分的比例按 20% 算,则需要 5 倍的发光亮度,即 500 cd.如果不使用 500 cd 的亮度让小面积发光,就不能得到平均亮度 100 cd.

当然,TFT 使用的个数也会影响发光的面积.TFT 使用越多,发光部分的比例就越小.因为 TFT 能够独立、稳定地发光,各个公司正在电路的设计上大花工夫.但即使他们再努力,理论上发光面积比率最大也只能达到 40% 左右.

4.2.2 顶发射型——逆向思维

有问题就要想办法解决.如何解决?可以使光从相反的方向发出,也就

---

① 像素的发光面积的比例,这里称为发光面积比率.相当于液晶显示的开口率.

是采用"顶发射"的方法.将发光器件装在 TFT 的上方,从基板相反的方向出射光,就可以扩大发光面积.发光面积比率大了,亮度小也可以,电压小也可以,电流小也可以,因此寿命会延长.此种情形下,可将基板侧的电极作为金属电极,上部电极用透明电极.

将光从上部发出的方法叫顶发射或者叫上发射,传统的将光从下部发出的方法就叫底发射或者下发射.(图 4.4)不同点仅在于光是从上部还是下部发出的.顶发射型,光是从和 TFT 阳极相反的方向被发出的,即使 TFT 占去基板一半以上的面积,也几乎不影响发光面积.这样就可以不用再拘泥于"发光面积比率".

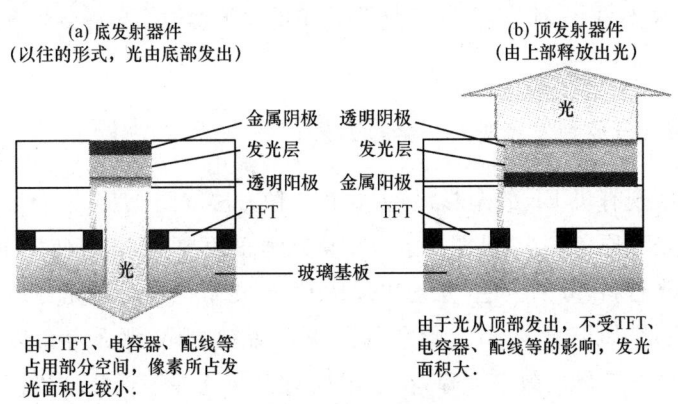

图 4.4 顶发射与底发射

因为顶发射型不需要从下电极侧(阳极)发出光,也就不需要基板也是透明的,薄薄的不锈钢板也可以使用.相反,上部的阴极侧则要是透明层(透明电极)[①],镀 ITO 的透明膜.当然,仅有 ITO 还是不能发挥阴极作用的,要想办法在 ITO 和有机膜的界面加入薄薄的锂电极等阴极用金属.

§4.3 全彩的原理

4.3.1 区域色彩和全彩

有机 EL 中经常使用"区域色彩"这个概念,它表示画面中某些部位的颜

---

① 无论阴极还是阳极,如果使用像 ITO 那样的透明电极的时候,就成为透明器件.

色不同.但是不能简单地理解为区域不同,颜色就不同,它指的是各像素的颜色变化.像手机的副屏等小的显示区域,或者是像汽车内用的屏幕、飞机的显示仪表等需要清晰显示的场合,比起全彩,区域色彩就已足够了.

当用小分子系材料制作区域色彩的显示屏时,制造工艺中上色是利用阴影掩膜板,将材料从掩膜板的开口蒸镀到需要的部分和面积的.与分别制作R、G、B三种颜色(全彩)相比,区域色彩的制造不要求很高的精细度,制作较简单.

区域色彩的需求不可能消失,但现在有机EL开发的中心课题是全彩.全彩也有用掩膜板法(使用小分子系材料时)的,即开口的掩膜板一边移动,一边分别上R、G、B三种颜色.这是目前采用的主要方法,下一小节将对此作详细说明.

4.3.2 三原色发光法——全彩工艺I

为了实现有机EL的全彩化,主要有三种方法.(图4.5)

首先是三原色发光,见图4.5(a).其原理很简单,发光层使用R、G、B三种有机发光材料,分别上色(并置法).R、G、B发光材料可以充分地发挥其原有性能.但是,如果R、G、B三原色的发光寿命有差异,那么寿命最短的那种颜色将使屏幕整体的效率下降,在使用期间引起色差等现象.以前认为,有机EL"红光的寿命有问题",但这个问题已经解决了.

如果利用掩膜板法给R、G、B上色,掩膜板会产生热膨胀,这点非常难控制.如果是区域色彩显示屏,可以不用考虑这个问题,但是制作高精细的全彩显示屏时,这将成为一个大问题.

为了弥补三原色发光的缺点,最近开发出了引人关注的"滤光片法(白色法)"和"色转换法",如图4.5(b)和(c)所示.这两种方法不用掩膜板,提高了精细度.

4.3.3 滤光片法(白色法)——全彩工艺II

滤光片法(白色法)的原理是让发光层发出白光(白色EL),再使用滤光片(color filter)将白色光分成R、G、B光,以实现全彩显示.这和液晶的背光灯用白色,用R、G、B滤光片来实现全彩的原理是一样的.这个方法不需要像三原色发光法分别上色那么麻烦,其工序简单,也可以说是符合今后高精度

§4.3 全彩的原理

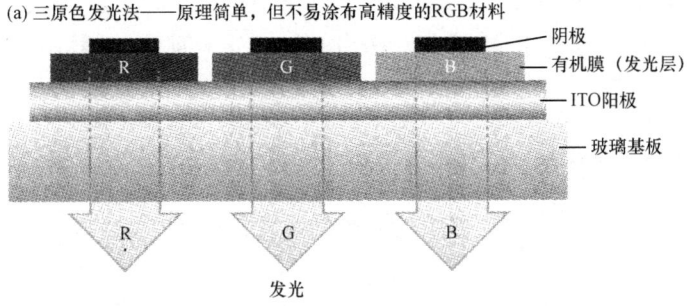

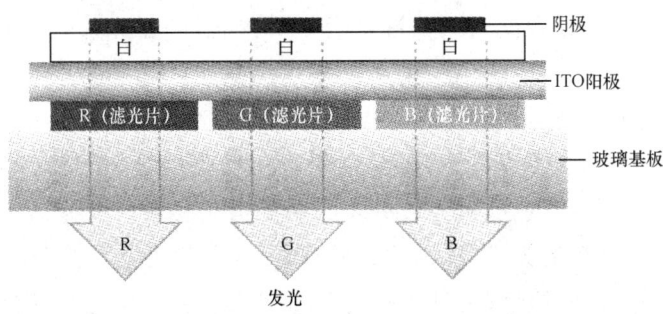

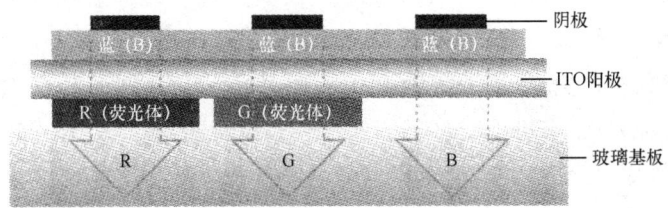

图 4.5 全彩色的一般方法

的构造的趋势.作者等人在开发白色有机 EL 时,提出了这个方案.

制作方法是先在玻璃基板(还没有涂 ITO 电极的状态)上制作出 R、G、B 并置的滤色板层,然后在滤色板层的上部制作 ITO 电极和有机白色发光层. 这样发光层的白光可以透过彩色滤光片,变成绿色、蓝色、红色,这三种颜色只使用白色光谱的一部分.

构造上也非常简单,不用将有机 EL 的发光层制作成 R、G、B 三原色并置的形状,也不用考虑因为掩膜板的热膨胀而造成的偏差问题,同时还能保护器件免受外光的干扰.但是光会被滤光片吸收一部分(至少 1/3 的光量),使得发光的效率降低.总的来说,滤光片法(白色法)很有前途,高效率白色 EL 的开发是今后的研究课题.

4.3.4 色转换法——全彩工艺Ⅲ

和滤光片法(白色法)相似的还有色转换法.这个方法是出光兴产公司开发的.[①]

- 将发光层由白色 EL 改成蓝色 EL.
- 将色转换层由彩色滤光片改成荧光膜.

这种方法可以使发光层只需要蓝色一种颜色,和滤光片法(白色法)一样,不需要用掩膜板.

为什么发光层使用蓝色呢?这是因为使用蓝色,可以利用激发态的能量差,产生所有的颜色.如果想要绿色,就可以用蓝色的光来激发绿色的荧光膜,产生绿色.同样,红色可以通过激发红色的荧光膜来产生.因为产生的是蓝光,就不需要蓝色的荧光膜.因此,只要将发光层涂上一种蓝色发光材料,就可以产生蓝绿红三原色,实现全彩化.但是实际上由于外光激发荧光膜,会造成对比度降低,这就需要在基板和荧光膜之间插入一层彩色滤光片,还有因为荧光膜的光发射没有方向性,容易产生水平方向的损失,所以色转换效率不高,与滤光片法(白色法)相比没有很大优势.如果进一步考虑基板的成本,滤光片法(白色法)更接近实用化.

利用各种方法,有机 EL 的全彩化效果和电视机(NTSC 方式)的效果相比,已接近势均力敌的地步,但全彩工艺的提高还有发展的余地.

4.3.5 照片曝光法——最简便的全彩工艺

如上述介绍的,各种全彩化的方法都有其缺点.作者考虑能否反过来利用有机材料的染料.因为氧气的存在,当用光对有机材料进行照射时,会使其劣化,这种方法称为"照片曝光法(photo bleach)",可以将其运用在全彩技术中.(图 4.6,图 4.7)

---

① 根据色转换方法制造彩色显示的研发,由出光兴产(色转换材料)、大日本印刷(色转换基板)、富士电机(显示制造)三个公司共同推进.

左上方形：rubrene 浓度高
右下方形：rubrene 浓度低
左下方形：rubrene 浓度减少之处
右上三色：3 种像素合一的情形

图 4.6　易于全彩色化的照片曝光法

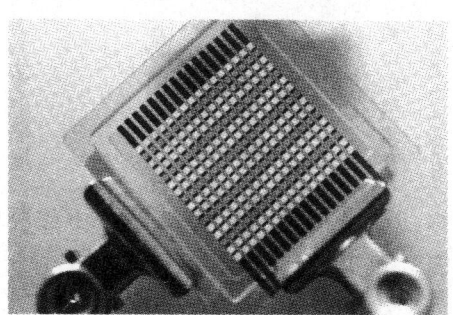

图 4.7　照片曝光法 RGB

比如，发黄色光的荧光染料红荧烯（rubrene，$C_{42}H_{28}$），在有机 EL 中，它被用做"掺杂染料[①]"，通过在发光层里加入微量的 rubrene（染料掺杂），可以实现高亮度化、高效率化以及器件的长寿命化. 但是，这种 rubrene 在大气中的有氧环境下，经光照射后，会发生光氧化现象，从而失去荧光性的特性.

笔者的研究室，利用这种劣化原理，正在试做高分子系（polymer 系）的彩色器件. 这种器件用旋转涂膜法成膜，然后改变部分的照射时间，使高分子膜曝光. 发光性 rubrene 的浓度会因为照射时间的不同而不同，这样器件就可以在同一基板上拥有"蓝、白、黄"发光部分. 这是因为随着光氧化引起的 ru-

---

[①]　掺杂染料：少许添加的荧光染料.

brene 浓度的降低,从蓝色发光材料转移到 rubrene 的能量正在逐渐减少的缘故.其浓度高处,呈黄色;其浓度低处,呈蓝色;其浓度较低处,呈白色(黄色+蓝色).

利用这种方法,采用光掩膜①,可以形成微米级的微细形状.图 4.8 照片的黑色部分是因光氧化 rubrene 发出的光消失,而发绿光的区域.

还有,如果将这种方法用在其他染料上,就有可能实现 RGB 三原色.从这点考虑,可以说照片曝光法是全彩工艺中最简便、最有效的方法.

现在,使用可以光氧化的红色、绿色染料,已经成功制作了 RGB 三原色成形的器件(图 4.8).

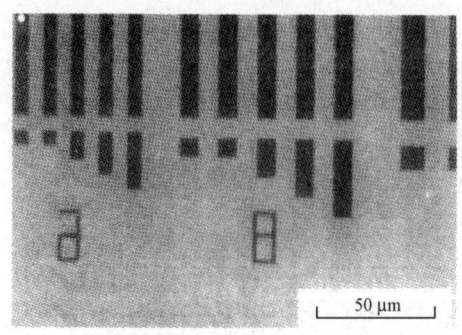

图 4.8 能够用掩膜板获得微米量级的微细加工
黑色部分是由于光氧化作用,rubrene(掺杂剂)失去作用

§4.4 挑战显示屏市场

历史上最初的商品化有机 EL 是先锋公司于 1997 年发布的车载用 FM 接收器的绿色屏幕.之后,以手机市场为首,在各种市场里,应用有机 EL 的商品开始不断涌现.在本节将探讨包括这些市场在内的各个适合有机 EL 显示屏的市场.(图 4.9)

4.4.1 手机市场是首当其冲的目标

"手机市场"当然是有机 EL 首当其冲的目标市场.先锋公司首先在 1999

---

① 光掩膜和阴影掩膜不同,能够进行微米级的图案化.

§4.4 挑战显示屏市场

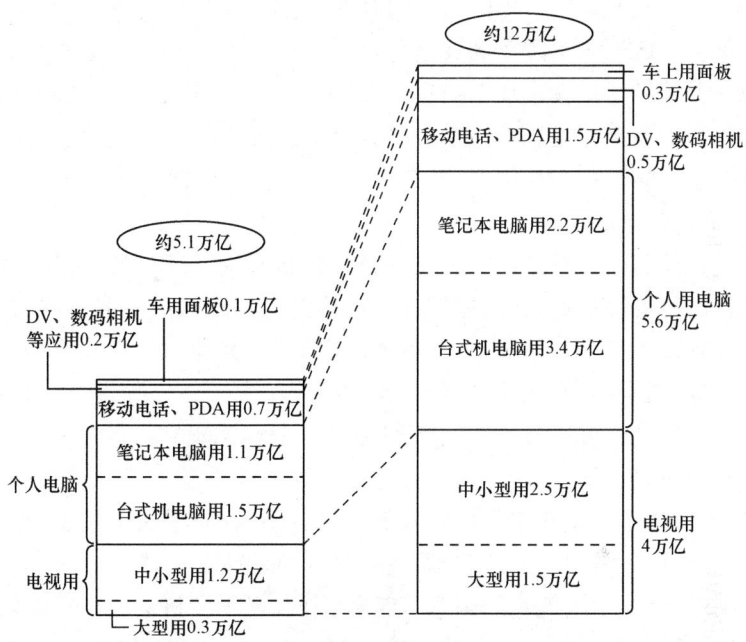

图 4.9 世界显示市场的预测(单位：日元)

资料出处：日本经济产业省技术调查室《技术调查报告(第 1 号)》

年进入这一市场．当时还是区域色彩商品，用在摩托罗拉的手机上．(图 4.10)日本国内市场，有机 EL 最初是用在 2002 年由富士通提供的 DoCoMo 手机的副显示屏上．主显示屏的最初应用是由 2001 年 NEC 搭配在 FOMA 手机上的，但这只是限量商品．(图 4.11)

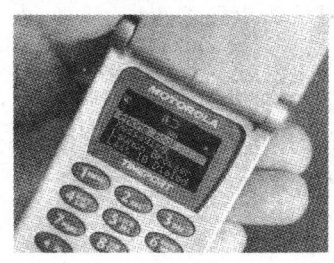

图 4.10 先锋公司制作的世界上最早的有机 EL 移动电话

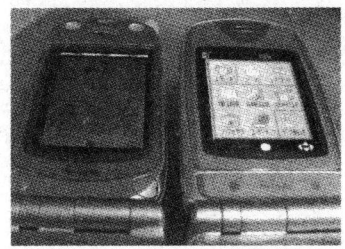

图 4.11 NEC 的移动电话

2002年9月开始,三星和NEC的合并企业三星NEC手机屏幕(SNMD)[①]在韩国釜山开始无源矩阵驱动式全彩显示屏的量产.随后将其作为副显示屏搭载的三星手机开始在市场上销售.东北先锋公司生产的区域色彩显示屏供货到韩国LG,月产量达70万unit.还有中国台湾厂家Rit Display[②]提供的彩色手机副显示屏被用在韩国KTF公司的手机上.韩国国内有机EL被用在手机上,销售情形极好.

在世界范围内,摩托罗拉、三星等公司的搭载有机EL的手机已经上市,但日本国内的销售却延迟了,原因就是市场问题,如"区域色彩型在日本的消费者中没有市场,消费者只盼望全彩型的产品","其他公司还没有使用,如果先使用在自己公司的产品里,感到不安"等原因.

实际上,不用手机进行主页检索(需要全彩型)的人占绝大多数,使用手机信息功能的人也不多,而认为只要电话号码能够清楚地显示就好的用户很多.但将区域色彩型用在主显示屏好像也是行不通的.手机市场上,副屏画面暂且不论,今后将是主画面的"全彩一决胜负"的趋势.

如果以"全彩一决胜负",则意味着有机EL显示屏机会的突然到来.

手机市场成为目标,是因为"市场很大".仅日本,2001年度签约台数就达6912万台,这个还仅是签约台数的数字.手机和电视、冰箱等不同,只要有附加值高的新手机出现,市场就会不断地更新换代.

现在的手机生产厂家多用液晶,在画质,更准确地说是在亮度的优劣上与有机EL竞争.在这种情况下,如果有一家公司投入研发使用有机EL的高画质商品,那么与液晶显示屏相比,其引人注目的优质画面将成为很大的优势.对于企业来说,也很容易投入到这个市场中.2003年已经有几家公司打算投入到全彩型手机市场.(图4.12)还有一点是手机市场的东风.从2001年开始,NTT DoCoMo公司以世界标准的下一代手机FOMA开始进入市场,其他公司同样进入下一代手机的转换中.下一代手机的最大特色是可以"发送动画".静止画面姑且不论,如果要传送动画,画面变换慢的液晶屏幕就不适合了.

有机EL的画面能以液晶1000倍的速度移动,适合动画,而且它以美丽的色彩远远凌驾于液晶之上.从这些因素出发可以预见,有机EL将占据手机市场很大份额.

[①] 三星NEC移动显示(SNMD)2001年发表公司合并的声明.SNMD在三星SDI韩国釜山总部内设置的工厂生产,同时在韩国和日本进行有机EL显示的研发.

[②] 中国台湾Rit Display公司在台湾新竹,是专门从事有机EL的企业,是CD-ROM等量产公司Ritek的分公司.

图 4.12　有机 EL 概念机(三洋电机)

4.4.2　电视机市场——大型和小型两个方向

从"动画表现上有机 EL 强,液晶弱"这点来看,有机 EL 进入到电视机市场也有很大的机会.开发有机 EL 的厂家的战略各有不同,其中就有像索尼这样"一下子从电视机开始"的厂家.夏普最先进入到液晶市场,取得了液晶市场的很大份额.与之相对,可以感觉到"索尼要最先开始下一代有机 EL 电视"的决心.图 4.13 是三洋电机开发的有机 EL 电视机,它和索尼一样正致力于有机 EL 电视机的开发.有机 EL 不需要液晶里的背光灯,不管是 10 英寸还是 40 英寸,厚度都是一样的.

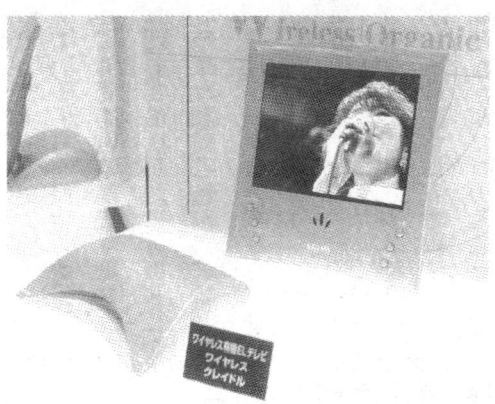

图 4.13　有机 EL 的无线 TV(三洋电机)

有机EL进入电视机市场可以从"60英寸的大型"和"5英寸、10英寸的小型"两个方向开始，然后再进入到中型尺寸市场。60英寸的超大型显示屏后面会提到。[①]它已经预计被纳入到国家项目中，已决定采用"有源矩阵驱动式，制造方法为真空蒸镀小分子材料"。和液晶不同，有机EL在画质上不存在无源矩阵型劣于有源矩阵型这一情况。

现在制作的电视机中13~17英寸的比较多。如果低温多晶硅的TFT（有源矩阵型）变大，就可以将这个技术运用到20英寸大小的电视机上。[②]电视机市场以下趋势较明显：

- 小型~中型（5~15英寸）——有源矩阵型（低温多晶硅）。
- 中型~大型（15~40英寸）——有源矩阵型（非晶硅）。
- 大型~特大型（40~100英寸）——无源矩阵型。

在60英寸的世界里，有机EL的对手不是液晶，而是等离子显示器（PDP）。现在还没有人考虑用有机EL来制造60英寸大的显示屏，但如果我们5年内在日本国家项目中将其制造出来，其技术和制造设备等将被继承，其他企业也就容易进入这一领域。

有机EL和等离子相比，其发光器件的效率是后者的10倍以上。单纯平板的消耗电力仅为后者的1/10，消耗电力很少，画质也优于后者。很明显，比起先行一步的等离子，有机EL在技术上有压倒性的优势。

4.4.3 车载显示屏——能够粘贴的照明设备，冲击力强

有机EL显示屏在汽车上搭载的平板类即车载市场上同样被认为非常有潜力。汽车相关的产品（包括车载的显示屏）一般都是开发大约3年后的，2005年有机EL将正式开始进军该市场。估计最初的利用将会从汽车的一部分仪表开始。因为汽车的安全性是最重要的，所以在视觉认知性上比液晶、VF（荧光表示管）要好得多的有机EL具有很大的优势。（图4.14）

---

① 60英寸：使用喷墨打印工艺制备60英寸显示屏，设备能够购买就可以。但使用真空蒸镀的方法时，则必须首先开发设备，这更具有挑战性。

② 20英寸以下已经可能：实际上，索尼公司2003年1月试制了24英寸的有机EL显示屏，发表在2003国际学会CES上。这让人感到有机EL显示的大尺寸化正在快速地发展。但是，索尼的产品是采用贴合技术，利用4片12英寸的显示屏贴合在一起的。

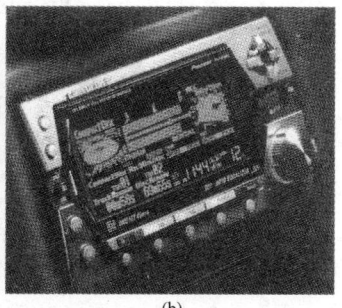

图 4.14　有机 EL 车用显示面板

(a) 市场销售的先锋立体声收音机,真正利用有机 EL 始于 1999 年;
(b) 日本 Denso 公司的显示试制品

在这之前,汽车中的高温稳定性要求成了有机 EL 的问题,现在这个问题已经得到了解决,就等着在这个领域投入商品了.

"平面薄片(sheet)状照明"的有机 EL 也受到了关注. 如果能够实现,则意味着可以粘贴在任何地方的便利照明设备的诞生. 如果把该用途使用在汽车的车灯上,之前的前灯和尾灯的凹凸部分就不需要了,后备箱的空间就可以增加. Stanley 电气正在试作平面的尾灯(图 4.15).

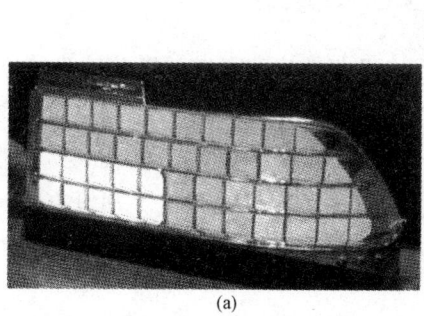

图 4.15　Stanley 电气公司的扁平汽车尾灯

液晶屏也常被用在电饭煲等家用电器中. 但是,这与用于车载不同,在黑暗的厨房里,液晶显示很难看清楚. 如果像汽车生产厂家宣传车载显示屏是"自发光型"那样,家用电器厂家能够尽快地使家电产品向发光型转换,将在商品多样化上领先一步.

车载显示屏除了要求"温度稳定性"外,还对"振动稳定性"有很高的要求.因为有机 EL 器件是固体,能够强烈抗震,所以这个领域也是有机 EL 的强项.

4.4.4 照相机市场——取景器的美与众不同

数码相机市场和手机市场一样有前景.数码相机的用户使用最多的部分就是取景器.如果在室外摄影,现有的液晶取景器,在室外经常会有较难看清楚的时候,这时取景器的功能将会丧失.数码相机性能很依赖于取景器,但如果换成有机 EL 显示屏,将会对 LCD 屏有很大的冲击力.低温多晶硅 TFT 驱动的有机 EL,不仅画质漂亮,而且显示屏的厚度、耗电量都会减少,可以说数码相机的液晶取景器将有可能很快被其替代.

DV(数码摄像机)市场比数码相机市场更有前途.因为用于摄像机的动画时,液晶画面的移动慢,而有机 EL 正好能够解决这个问题.与液晶相比,有机 EL 显示的画面的美极其突出,而且在动画上有很强的优势,生产厂家可以通过有机 EL 带来商品的多样化.

因为数码相机、DV 摄像机的显示屏(取景器)较小,可以将现在的有机 EL 充分地商品化.和手机市场一样,该市场从液晶到有机 EL 的更新换代可能会很早.

4.4.5 寿命达到什么程度可以商品化

有机 EL 器件的寿命从 1987 年邓青云研究的以分钟为单位开始,之后不断延长.目前的水平为,如果初始亮度是 100 cd,寿命能够达到数万小时.[①]不同的材料生产厂家的产品,也有超出 10 万小时的例子出现.寿命一般是指"单一器件的亮度减少到一半所用的时间",但实际情况却没有单纯地按照定义来考虑.如果不考虑各个市场的实用性寿命,就不能符合各个市场的要求.关于这点,让我们再探讨一下.

首先,手机方面,即使一天使用显示屏 2~3 h,在这个领域只要器件的寿命能达到 3 000~5 000 h 就没问题.可以认为现在的有机 EL 已经具有了实用性的寿命.

---

① 据著者所知,日本神奈川某企业制备的有机 EL,在初始亮度为 3 000 cd/m² 的情况下,半衰减寿命超过 1 万小时.如果换算成初始亮度为 100 cd/m² 的情况下,相当于半衰减寿命达到 30 万小时(30 年以上).初始亮度为 10 000 cd/m² 的情况下,半衰减寿命达到 1 万个小时也只是个时间问题.

在电视机应用方面,存在"烧灼留下残像"的问题,需要更加严密的考虑. 假如某个像素的亮度下降 5% 变为 95%,如按照半衰减期来算,还有充足的时间,但如果这个像素相邻的像素还是保持 100% 的亮度,看起来就会有残像.

因为电视机呈现的是动态画面,像素残留问题还不是很突出. 如果是电脑用显示屏,那么就会在同一个地方一直显示同一个文字. 和 CRT 一样,像素残留问题使得实际寿命要比计算所得(亮度减半)的寿命短.

如果是应用在数码照相机上,现有的有机 EL 的寿命已经足够了. 因为每天都使用照相机的人很少,而且不间断打开 1 h 的情况基本上没有,可以认为有 3 000 h 的寿命就没有问题了. 应用在摄像机时,使用摄像机的场合可能就是孩子的运动会等特别活动,一年使用一次的情况比较多,和照相机相比,其寿命要求更低.

第5章 照明世界将改变,电子纸将诞生

§5.1 照明世界将改变

5.1.1 有机 EL 的另一个大市场是照明行业

大多数人认为有机 EL 是未来电视机显示器的技术.当然,这样认为是没有错误的.但是有机 EL 在另一个行业还有很大的用途,那就是照明行业.用于照明行业,必要条件是可以得到白色发光.当然以类似氖照明的标准来挑选的话,蓝色和橙色等也可以使用,但日常生活中使用的一般为白色光源.

1993 年笔者本人发明了应用有机 EL 的基本方法,高分子系白色发光的器件.接着小分子系也通过一系列实验的结果表明,在该领域白色发光也取得了成功.最初阶段它的耗电量是比较高的.通过十几年的各种方法和实验的积累,现在的耗电量尽管还是比荧光灯的要高,但是比白炽灯的要低,而且已经达到了实际应用的水平.[1]

但是,就是这样的研究水平,要进入现有的照明行业市场还是有些力量不足.之所以如此,因摆在我们面前的是价格的因素.不管是荧光灯还是白炽灯,它们的制造价格也就只不过是以数日元为单位而已.即便有机 EL 行业今后通过量产来降低价格,和已经成熟的荧光灯与白炽灯等来进行照明市场行业的比拼,也没有什么优势可言.

从这个意义上来讲,我们有必要打开一个只有有机 EL,其他技术无法实现的照明世界.

5.1.2 通过新的使用途径的开发,来打破有机 EL 照明价格的壁垒

像前文叙述的那样,单纯从替代品的角度考虑,有机 EL 是有成本高的问

---

[1] 白色发光:当然是世界第一,现在效率达到了 15~20 lm/W.(译者注:2009 年有机白光的效率已经超过了荧光灯的效率.采用提高出光效率的结构,其效率最高可以达到 124 lm/W)

题存在,但是利用有机 EL 特有的面发光这样的新照明方法的话,一个全新的照明概念将会被创造出来.依据面发光的方法,墙壁顶棚等可以全面被照亮.这是传统的照明方法根本无法想象的,而用有机 EL 使其变为可能.一般情况下,荧光灯由于是线状光源会产生影子.白炽灯是点光源也会产生同样的问题.但是有机 EL 是面光源,发出的光就像是屏帘一样降下来.没有影子的照明方法,很简单地就可以创造出来了.(图 5.1)

图 5.1 白光面板将开启照明领域的新世界

以前,有人曾经做过非常有趣的实验,不使用有机 EL 而是使用无机 EL 的实验.日本东北电力公司利用无机 EL(高分子分散型)做了面发光的研究,顶棚 70% 的部分被发光面板所覆盖.经实验,在这样的面发光照明下,人的感觉就像处在阴霾的天气中一样.与无机 EL 相比,使用亮度更高的有机 EL 的话,房间的敞亮度是可以想象出来的.不是阴霾天气的感觉,房间的敞亮就像处于晴天中也是可能的.尽管是新型的照明设备,但是也不需要对房间的配线进行变化.使用房间已有的 100 V 的交流电源,用一个小型整流器,把它变成直流电就可以使用了.实际上没有整流器也有可能,在这种情况下也就是使用交流电的一半的周期就可以照明.60 Hz 左右时会有点闪烁,如添加像现在的荧光灯附件,在高波段进行照明就没有问题.可以想象,在新建大楼和住宅里,将来会有大量的相关需求.

5.1.3 有机 EL 也可以做指示灯使用

顶棚全面用面光源来照明,圆柱体用有机 EL 器件贴上一层,或者绳索状物体用有机 EL 光照明其表面等,这些新型的使用方法应更多地开始使用在房屋、百货店等领域.还有就像上一章叙述的一样,像汽车、飞机等上面,由于内部空间有限,把其凹凸部分装上有机 EL 器件用来照明就可以达到有效利用空间的效果.

也有在指示灯[①]上使用的想法.提起指示灯,有铁路上使用的平时长期固

---

① 指示灯:游戏机台、各种台面、网球场等的装饰,已经有各种实用的需求来商谈.

定的指示灯,也有像图 5.2 那样的有机 EL 紧急用指示灯,紧紧贴在逃生通道的墙壁上用来实施紧急状态的逃生引导.对于这样的全新特征的制品,必须提出利用其特性的使用方案.从该意义上来讲,在紧急指示灯的适用领域,可以自由自在地设计不同颜色的有机 EL 器件,这将是有机 EL 的得意之作.还有,如果使用区域色彩可以实现低成本制备的话,可以想象有机 EL 还会有更广泛的应用领域.您也试着为有机 EL 的使用指出一种方法如何?

图 5.2 有机 EL 也有用做指示灯的构想

§5.2 爱迪生之后最大的照明革命

5.2.1 不再使用荧光灯的日子将会到来

众所周知,荧光灯是低耗电、低成本的照明器材.但由于荧光灯使用金属汞的原因,当前探索荧光灯的替代产品到了极其迫切的地步.

荧光灯灯管的内部有金属汞.由于汞对环境的影响,将来限制荧光灯的使用的可能性非常高.目前欧洲已经对荧光灯的使用提出了大量的限制,其影响迟早会波及美国(特别是加州)和日本.荧光灯在照明方面的应用不仅在家庭内部,日本液晶显示器的背光灯也在使用(冷阴极管).尽管在名称上没有显示出来,但使用金属汞(水银)的事实并没有改变.

现在还没有荧光灯的替代品.但是,并不能使用白炽灯来替代荧光灯照明.要是使用白炽灯,电力消耗将会猛增,核电站也将随之增加,这是无法取

得日本国民的同意的.[①]

尽管日本还没有对使用荧光灯采取限制措施,但是其影响已显示出来.例如,车载液晶显示器是使用含金属汞的阴极管的,而向欧洲出口的该类产品已经不能使用了,为此使用了效率低的不含有金属汞的背光灯.因为汽车是自动发电的,所以液晶显示器稍微有点效率低下尚可使用.如果是平常的手提电脑,效率低下将成为麻烦.

5.2.2 有机 EL 比荧光灯的耗电成本更节省

由于荧光灯含汞、白炽灯高能耗等原因,有机 EL 照明备受关注.与其说因没有荧光灯的替代品而选择了有机 EL,不如说有机 EL 照明因其效率在将来超过荧光灯的 80 lm/W 的可能性非常高而备受关注.超过 80 lm/W 的方法是读者已经熟知的,即采用发磷光的材料.在不使用发光效率为 25% 的荧光材料,而是使用发光效率达到 100% 的磷材料的情况下,有机 EL 超过荧光灯的效率是可能的.降低成本的有机 EL 发光照明设备显而易见可以实现.

成本高的问题随着大量生产将会降低,相关研究日本国家项目也在稳步推进.现在将 60 英寸的有机 EL 显示器作为目标之一的项目正在进展之中.其中以使用大型基板装置的研发,快速蒸镀装置的研发为目的的规划等,都在快步伐地进行.以上进展,如从原来的 5 min 制备一枚基板的传统方法提高为 1 min 一枚,还有基板大型化的新型生产过程研发等,为白色的有机 EL 照明的成本降低提供了条件,和荧光灯相匹敌的可能性将会到来.这对整个照明世界来讲将有重大的意义.首先,日本的有机 EL 技术在全世界处于领先地位.该技术是人类共同的,能为整个世界作出贡献.利用日本的技术,水银对环境的恶劣影响将可以大大避免.其次,这将一举改变自爱迪生以来 200 多年持续使用点光源、线光源的照明世界,为顾客提供新的面光源照明方法(图 5.3),照明行业也

图 5.3　照明用大型白光面板

---

① 日本国民的同意:当用其他照明灯具来代替荧光灯的议论一开始,就会出现价格非常高、耗电量非常大等问题.所以,现状是谁也不会把汞的问题说出来.

将增加活力.面光源将为人类提供全新的照明世界.①

5.2.3 无机发光二极管是种指向性强的光源,而有机 EL 则为照明之光源

无机半导体发光二极管也是非常有趣的研究领域.中村修二博士的蓝色发光二极管技术使其一举成名.对于发光二极管(LED)的称谓,有无机发光二极管和有机发光二极管(通常称为有机 EL)②两类,二者之间的区别在于无机发光二极管为点光源,而有机 EL 为面光源.

无机发光二极管是一种点光源照明装置.吊灯可以使用点光源照明.它是一种指向性非常强的光源,寿命长也被周知,信号灯、台灯常常使用.但是人们日常生活中并不是必须用指向性强的光源来照明.

不论任何技术都是这样,强行使用它的非强项不是不可能的,但不适合的情况会发生.例如,把指向性强的无机发光二极管用于房间整体的照明不是不可能的,用点发光的无机发光二极管把整个顶棚全部满满地装上去就可以了.这样可以达到像面发光光源的整体照明,但是房间会被非常热的气氛所笼罩,效率也就大幅降低了.也许单个实验能得到很好的结果,但大量集中起来就会产生热,发光效率就会显著恶化.

还有,作为照明设施,不便宜的话是无法推广使用的.指向性非常强的无机发光二极管作为光源,单个时可以使用,但整体照明使用时,需要大量的二极管排列在一起,这就已提高了成本.无论什么技术,在它能发挥长处的地方来使用才是自然的思维.

§5.3 电子新闻报纸的冲击

5.3.1 理想的全新传播媒体诞生了

纸张非常便利,大量的资料可以叠放在一起.显示器也很便利,但是,由于其重量,不能到处拿着行走.就是笔记本型的,也不便一直拿着到处移动.

---

① 作者所住的山形县米泽市有一个小野川温泉,由于萤火虫而闻名.这种萤火虫的发光,却是真正的"有机发光",与白炽灯(仅以副产物的形式发光)正好相反.该过程基本没有热量放出,以接近 100%的效率发光.

② 有机 LED 和有机 EL:实际上二者是完全相同的概念.在日本称有机 EL 的多一些,本书也如此.在欧美国家则称为有机 LED.也就是说,有机 EL=有机 LED.

§5.3 电子新闻报纸的冲击

现在就像把纸张和显示器(电视)两者结合起来一样的理想的显示器将要诞生了.厚度只有 1 cm,甚至 0.2 cm 的超薄显示器已问世,而且像纸张一样可以随便卷起来拿着走.梦幻般的显示器的诞生就在眼前.

这种显示器有很多种类,全部称之为电子纸的比较多.实际上,它们的特性有相当多的不同,在这里分为两类来进行说明.

- 电子纸:E Ink 公司为代表的超薄纸型显示器,是黑白、文字型.[①]
- 薄片状显示器:用有机 EL 制作的超薄显示器,是彩色、动画型.

5.3.2　E Ink 公司的电子纸

超薄纸型,黑白、文字型的电子纸,最具代表性的是美国 E Ink 公司所开发的类型(图 5.4).这类显示器最近受到了广泛的关注,这是大多数学界工作者的共识.这类电子纸基本是黑白显示器,给人的印象是和新闻报纸一样的,而且像普通纸一样非常薄.它可以重复书写数字、文字,图画也可以使用,不重复书写的时候其耗电量为零[②].所以,作者自身对该类显示器也非常感兴趣,并且在关注其发展.

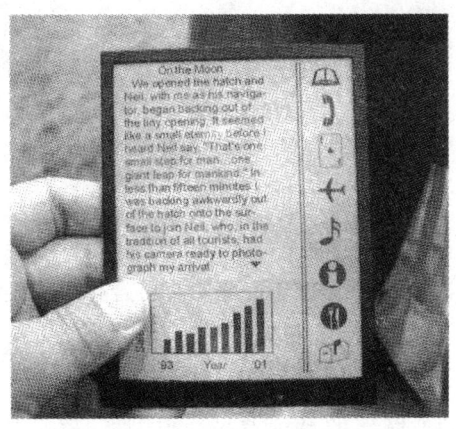

图 5.4　E Ink 公司制作的电子纸
笔者摄于 SID'02[③]

---

① 电子纸也在进行着彩色化研究.
② 耗电量为零:这是非常了不起的特色.有机 EL 的电子纸(超薄片显示器)也是节能型的,但达不到零能耗.
③ SID:Society Information Display(美国信息显示学会)

如果对其提出改进意见的话,让画面有所改善,白的更白,黑的更黑,能够控制其色调会更好.对于此问题,今后的研究进展是完全可以解决的.

E Ink 公司的电子纸是由微密封控制过程处理的,其中微粒是运动的.对文字等表示,1 秒钟 60 个字的展现速度,就存在原理上的相当大的困难.但是,数字不更新的情况下不耗电是它的特色.(图 5.5)

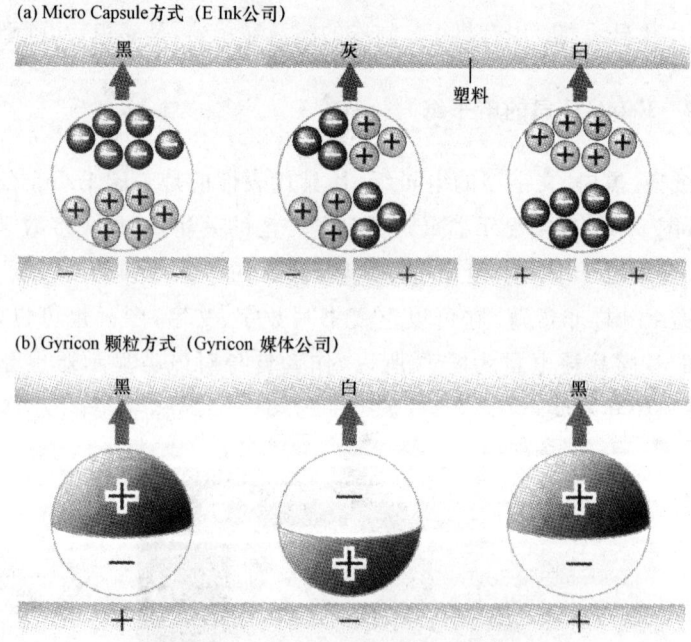

图 5.5　电子纸(有机 EL 之外)的原理

现在日本凸版印刷公司和美国 E Ink 公司合作,使用凸版印刷的色彩过滤技术,正在向电子纸彩色化迈进.从图 5.4 来看,像 PDA(掌上电脑)这样的状况,可以预见很快就可以商品化,投放市场了.

可是,E Ink 公司所制作的显示器是反射型的,就是彩色化获得成功,在暗处可观察性也会变得不太好.而像液晶那样,使用背光灯使其明亮,则会使其变厚,电子纸的象征意义将会失去.还有,如刚才所指出的,反应慢是它的致命弱点.

这些问题如何克服,将是今后研究者的课题.除这类之外,其他不使用微密封控制过程,而使用电泳方式的公司还有 SiPix 公司[①]以及图 5.5 中的 Gyricon 媒体公司的 Gyricon 颗粒方式.

E Ink 公司的电子纸,尽管还有这样那样的问题,作者依然认为它具有相当大的普及可能性. 就是现在,通过 PDA,把小说传送到互联网上已有生意可做. PDA 做成超薄的电子纸的话,可预期会受到普遍欢迎. 仅小说通过互联网传送已是很有兴趣的业务,而报纸新闻下载,将会有更大的市场. 当人们离开家时,可以通过互联网把新闻下载下来;还有,在出差地点,连手机都无法接通的地方,也可以将数字报纸传入电子报纸. 以后就看价格了,这将会成为可携带的电子报纸.

但是,由于所使用的显示器反应速度慢,文字的分辨率还可以,但动画就不那么方便了. 以后电子纸将在报纸业界使用,难以发展到别的业界.

5.3.3 有机 EL 型的超薄显示器可以用于动画

相对于以上电子纸而言,有机 EL 型的超薄显示器(电子纸)在超薄的特点上是相似的,但它的工作原理却有很大差异,商品的性质也有所不同. 有机 EL 型是可以随便卷起来拿着走的显示器(电视). 作为电视可以看,当然,也可以作为计算器的显示器来使用. 随身携带,是一种适宜的指导书,可作为公司老板的名片使用,当然还能够完全作为电视机来娱乐.

例如,新闻体育栏中的信息可以通过互联网读取. 使用这种超薄的显示器,点击一下图片位置,动画数据很快就通过互联网流入超薄显示器,以前的静止图片就可以变成动画来显示了. 不仅图画点击方便可行,相扑也可以动态观看,一郎的球技也可以看到,简直就是一副活动的报纸.

像这样高水平的显示器有需求的话,有机 EL 超薄显示器将是必然的选择. 当然,只是显示文字,如在以读小说为主的情况下,超薄 EL 显示器没有 E Ink 公司的节能. 所以,E Ink 公司的反射型显示是从文字出发的,而有机 EL 发光型(超薄显示器)是以动画为主的,两者可以根据不同的需求来区分使用. 图 5.6 所示的是像 B5 型打印纸大小的超薄有机 EL 显示器,这也许就要普遍使用了.

有机 EL 型的超薄显示器当然同样可以在计算机的显示器中使用. 现在,就算是笔记本型的电脑,也有 20~30 mm 的厚度. 这个厚度不仅是显示器的

---

① SiPix 公司:该公司的 CTO 梁博士是作者读研究生院时的友人.

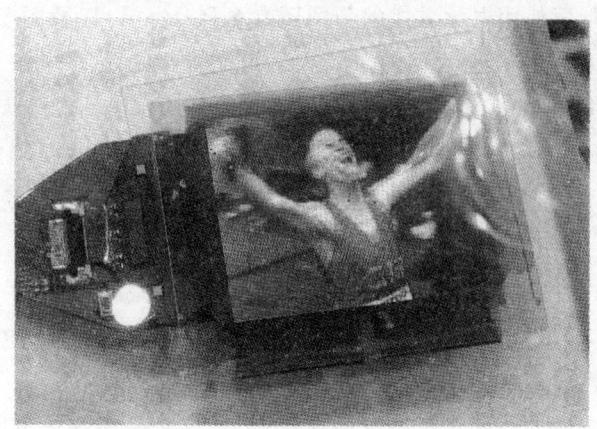

图 5.6　先锋公司的薄片全彩色显示器

厚度,也包括了 CPU、电池等全部器件的厚度。无线可以得到的各种情报信息,把机体部分和显示器分离开来,把机体部分放在提包里,只把显示器(超薄显示器)提在手里,这样的技术现在是完全可以实现的。

图 5.7 是大日本印刷株式会社(DNP)制作的高分子有机 EL 胶片[①]. 而在先锋公司的综合研发所,全彩色显示器也在试制作过程中,(图 5.8)实际应用只是一个时间问题,该技术迟早是会产业化的。

0.4mm,由3个区域色彩组成
(a)

(b)

图 5.7　有机 EL 的"可弯曲型显示器(电子纸)"概念产品
照片提供：大日本印刷

———

① 大日本印刷株式会社的超薄片显示器的照片;1999 年日本文部省、通产省配套基金,由山形大学、先锋公司、大日本印刷公司联合开发的有机显示器.照片是 2002 年最新产品。

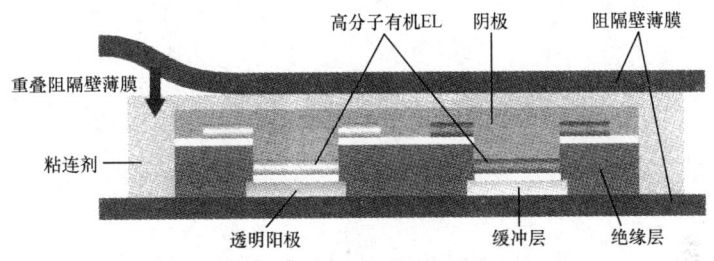

图 5.8 柔性有机 EL 的构造

第6章 有机 EL 材料是有机 EL 的根本

§6.1 有机 EL 材料是如何制备的

6.1.1 有机 EL 材料是无限的

日本是一个资源贫乏的国家.有机 EL 是使用有机物的产品,因此就会有人担心,日本的资源难道没有问题吗?

可以明确地说,请大家放心,没有问题.作为有机 EL 材料的有机化合物,就像第 1 章中所述是从石油中取得的.就像以石油为原材料制造出了塑料一样,以石油为原料可以合成出石油化学产品(有机化合物).因此,没有必要担心材料会被用尽.[①]

但是,有些有机 EL 材料当中,包含了铱等贵金属的化合物,这就要另当别论了.有机物与无机金属离子的复合体,这里称为配合物.金属离子的周围用有机物作为配体的材料,称之为金属配合物.

金属配合物中,在金属离子使用高价的铂金或者地球上储量很少的稀有金属铱的情况下,地球上的贮存量和成本的问题会出现,也会有使用殆尽的可能性.在这种情况下,如果铱没有了,用铒等其他金属来代替就可以了.这样的研究将来会有进展.还有一种办法,即对使用过的显示器进行回收再利用.对此人们也在深入研究过程中.

6.1.2 可以合成出五彩缤纷的颜色

有机 EL 的研究可追溯到 20 世纪 60 年代,当时使用的是具有蓝色发光的称为蒽(anthracene)的有机化合物(图 6.1).

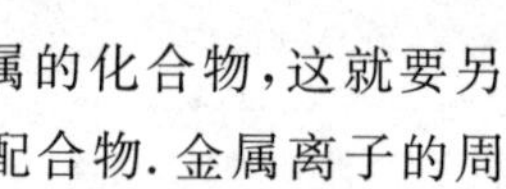

蓝色,这是一个特殊的颜色.我们已多次提到过,在可见光区,蓝色光的波长最短.除蓝光

图 6.1 蒽开启有机 EL 历史

---

① 首先不用担心材料会用尽:日本无法进口石油的情况另当别论.那时人们的所有生活将遭到威胁,没有人会去担心有机 EL 的材料问题了.

以外的其他颜色的光的波长全都比蓝光的波长长.由于长波长的各种颜色都可以通过各种方法从短波长的颜色中得到,所以最初以蓝色研究开始的有机 EL 研究,使从蓝色中得到绿色、黄色、橙色、红色等人们所喜欢的各种色彩成为可能.这就是有机 EL 有意义的地方.

具体来讲,有了蓝色的材料(例如蒽),在其化学结构①的基础上进行设计改造,其原来的蓝色可以向长波长方向移动,分子的发光颜色随着分子结构的改变而变化.(图 6.2)原来仅有的蓝色发光有机 EL 材料,现已扩展到成千上万的各种蓝色发光材料.②由于这种蓝色(三原色之一)的存在,根据过去七十几年的经验可知,迄今大量的荧光物质其实都是人工合成的,以不同的方式存在于我们身边.所以,查阅一下过去与其相关的文献,适合作为有机 EL 材料的化合物就可以在其基础上改良而得到.例如,增加耐热性,具备更方便、更简单的结构特性的化合物都可以设计出来.尽管自然界中不存在,有了有机化学的基本知识储备,就可以人工合成出来人们期待的化合物.如果最初人们发现的是红色(长波长)的化合物,而不是蓝色的话,有机 EL 在今天就不会如此被关注.从红色向蓝色发展不能说不可能,但非常困难.

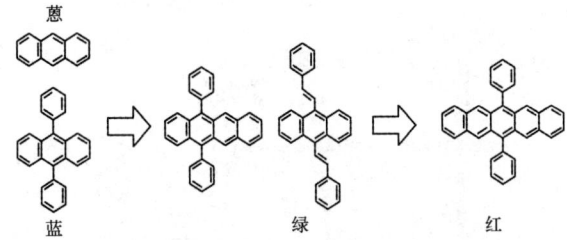

图 6.2 改变蓝光材料蒽的骨架,使其所发光变为较长的波长(绿、红)

6.1.3 有机 EL 材料是无限的,其可能性也是无限的

有机物原来被认为是绝缘体.从塑料来考虑就可以理解,如电线等所使用的绝缘体物质.但是,根据诺贝尔奖获得者白川英树先生的研究成果,二十多年前(1977 年)已认识到,有些聚合物(高分子)是可以导电的.尽管说导电,也不是像金属那样的导电性能,聚合物结构不同,其导电方式也有不同.

---

① 化学结构:我们看一下蒽的化学结构式也许会感觉很有趣儿,例如,形似乌龟壳的苯环是以什么形式盖在上面的.观察金属配合物的结构,将会慢慢地增加你的兴趣.和数学公式一样,看惯了就自然了.本书也记述了各种各样的结构式.

② 现在实用化的蓝色发光材料都是有机化合物蒽的衍生物.有机 EL 起源于有机化合物蒽,也将终结于有机化合物蒽?

所以，大学研究室和企业的研发部门，一般是首先根据理论进行分子设计，再进行实际的试验合成，然后把合成的材料做成器件，对其光性能和特性进行研究分析.由于有机 EL 使用的材料一般都不是天然化合物，几乎全是人工合成的材料，因此，材料可以无限地被合成制备出来，其碳骨架结构是无限的，其可能性也是无止境的.(图 6.3)

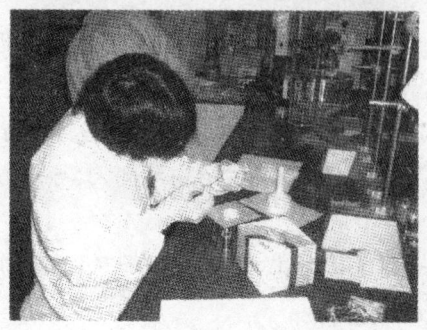

图 6.3　有机材料的设计以及实际合成

所以可以合成出大量不同的新材料.从现在有机EL的开发速度可以看出有机EL材料的丰富多样.从柯达公司邓青云博士制备的仅有几分钟发光寿命的器件到今天,仅仅十几年的时间里,在不少高分子学者讲述有机EL材料达到实用的水平不太可能的声浪中,已经有具有几万小时寿命的器件诞生了,这就是有机EL材料的性能日新月异的最好明证.这也是有机EL最有趣、最有研发价值之处.

下面,将对各种各样的有机EL材料做一介绍.

§6.2 有机EL器件的结构中各层的适用材料也有差异

6.2.1 根据不同的功能选择合适的材料

先介绍一下,有机EL各层所使用的材料及其特性.

首先,小分子材料是蒸镀成膜.前边介绍了其成膜、积层容易,这是小分子材料的特点.具体来说,有机EL器件是由阴、阳极做界面,中间为有机发光层所组成的三明治结构.中间发光层是由不同种类的有机材料叠加成膜组成的.具体来讲有发光层、传输层(电子和空穴)和注入层(电子和空穴).各层所需求的特性不同,我们要设计出适合各层功能的材料,然后合成应用到有机EL器件中.

发光层的作用是将注入进来的电荷在该层进行再结合,高效率地发光.所以,要使用荧光或者磷光性能非常好的有机化合物来做发光层材料.它承担着强发光的作用,又是有机EL的核心部分.其他层尽管使用了无机化合物,但因为发光层为有机物,所以称之为有机EL.

以空穴传输层为例,它的作用是把阳极(正极)的空穴输送到发光层,把从阴极移动来的电子阻挡住,不让其进入阳极.同时,电子传输层的作用是把从阴极(负极)来的电子输送到发光层,把从阳极移动来的空穴阻挡住,不让其进入阴极.也就是说既要把从某个电极(正极、负极)来的电荷载流子顺利地送到发光层,又要把电荷载流子阻挡在发光层,使其不能畅通无阻地到达反向电极.为此,探索载流子迁移率高且又不能向反向电极移动的电荷载流子材料,将是最为重要的.

注入层的作用是什么呢?应该是把电荷载流子从电极顺利地送到传输

层. 这是注入层的要务.

电极的逸出功和空穴传输层的 HOMO 水平以及 LUMO 水平(有机分子轨道)①要很好地匹配.(图 6.4)空穴传输层的 HOMO、LUMO 可分为能够填充电子的空轨道和充满电子的轨道. LUMO 轨道是最低空轨道. 空轨道的能级

(a) HOMO 与 LUMO

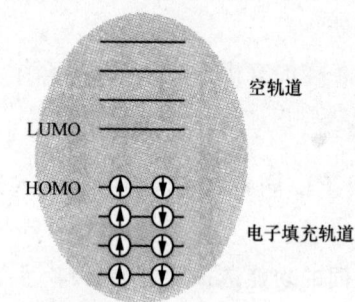

(b) 两种材料接触时的 HOMO 与 LUMO

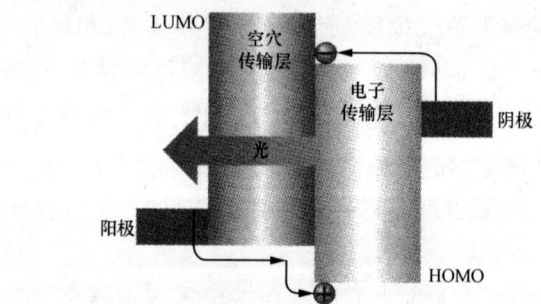

(c) 通过注入载体而发光的原理

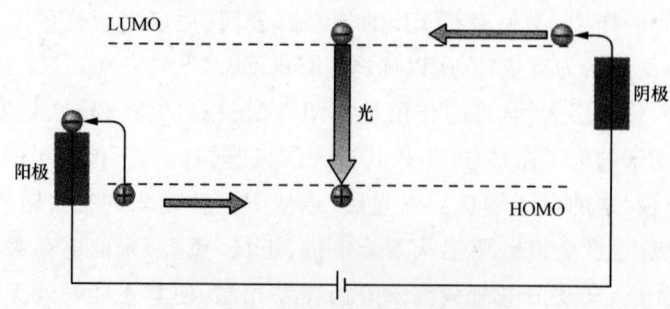

图 6.4　HOMO、LUMO 与发光原理

---

① HOMO 是 hingest occupied molecular orbital 的缩写,即最高占有分子轨道. LUMO 是 lowest unoccupied molecular orbital 的缩写,即最低空分子轨道.

水平最低,这里可以填充电子.另一方面,电子充满的轨道中,能级水平最高处,电子受原子核的束缚最小,最容易移动,我们称之为 HOMO,就是最高占有分子轨道的意思.如果其能级和电极的逸出功不匹配的话,就无法顺利地输送电荷载流子.

6.2.2 注入层和传输层的区别

注入层和传输层从字面上看就能够理解其含义.二者基本含义有相似的部分.那么有人会这样想,注入层和传输层用相同的材料,把二者合为一层不行吗,为什么还特意把它们区别开来呢?

当然,理想状态是层数越少越好,但一般情况下是把注入层和传输层分开制备的,这有其自身的理由.

从物理和化学意义上讲,作为电极材料的 ITO 和空穴注入层的匹配是可能的.可是空穴传输层迅速把空穴输送到发光层所需要的材料的高迁移率特别重要.而且从反向电极注入的电子能够被全部阻挡在发光层内,这不是件太容易的事情.

传输层材料需要高迁移率的材料来充当,而注入层则不必要求其材料具有高迁移率.相反,匹配性能好的材料并不一定是载流子迁移率高(传输层)的材料.

当然,如果有一举两得的材料是最理想的,但现阶段如此理想的材料还没有发现.为此,就不得不分层采用适当的材料来制作器件了.

最理想化的是把注入层、传输层、发光层等合并,使用一种具备所有功能的材料.当然,发现这种材料是最好的.这样的话,电子容易注入,空穴也容易注入,迁移率高,又有高效发光,将成为最理想的材料.但探索发现如此理想的材料是很困难的.

为此,在一种材料不能解决上述所有问题的情况下,只好把其做成 2 层、3 层甚至 4 层来达到该目的.

前面,我们把发光层、传输层、注入层,还有阴极、阳极以及各层所使用的材料从小分子和高分子的角度分开进行了逐项介绍.对于不是专门研究有机 EL 的人,确实没有什么关系.例如空穴传输层使用的芳香胺类化合物在复印机的感光体中也在使用,而空穴注入层使用的酞菁类化合物在新干线使用的涂料中也在使用.

像这样,有机EL各层成膜的材料,不少是我们身边所常见的物质,(表6.1)书中连同这些知识将进行一些讲解说明.

表 6.1 各层所使用的材料

	小分子系	高分子系
阴极	铝 铝-锂合金 镁-银合金	铝
电子注入层	锂等碱金属 氟化锂 氧化锂 锂配合物 掺杂碱金属的有机层	钡 钙
电子传输层	铝配合物 oxadiazole 类 triazole 类 phenanthroline 类	—
发光层	铝配合物 蒽类 稀土类配合物 铟配合物 各种荧光色素	π 共轭系 poly-phenylene-vinylene 类 poly-fluorene 类 poly-thiophene 类 含有色素的高分子系 侧链型高分子 主链型高分子
空穴传输层	烯丙基胺类	
空穴注入层	烯丙基胺类 酞菁类 掺杂 Lewis 酸有机层	polyaniline＋有机酸 polythiophene＋polymer 酸
阳极	ITO(铟锡氧化物)	
基板	玻璃、塑料	

§6.3 发光材料是有机 EL 的关键

6.3.1 小分子发光材料

有机 EL 的核心部分是发光层,发光层所使用的材料决定着器件的发光效率.作为发光材料小分子荧光色素化合物、高分子化合物还有金属配合物,从开始到至今都被实验使用过.关键是要求其有高的发光量子效率、成膜性能好、载流子输送性能好等性质.

在后面的图 6.6 中我们将看到最具有代表性的小分子系材料.作为发光材料有很多种类,其中三 8-羟基喹啉铝(Alq_3,铝的配合物)最为常用.它的电子迁移率比较高,[1]容易蒸镀,没有缺陷,能镀出平滑的有机膜.常用的理由还有它的耐热性能好.其他金属配合物如铕的配合物[2]具有尖锐的发光光谱,作为红色发光体是人们熟知的.(参照图 2.11 中的光谱图)

6.3.2 主体材料和掺杂物的作用

主体材料和掺杂物常常都称为发光材料,它有两类,包括:

• 自身发光性能差,但成膜性能好,与其他发光性能好的材料混合在一起使用的材料(主体材料).

• 自身发光性能好,但单独不能成膜的发光材料(客体材料).

主体材料的代表有三 8-羟基喹啉铝配合物,还有铍的配合物等等.这些就成为发光层主体材料.最近,客体材料备受关注,这类发光材料通过向其他发光材料(主体材料)中掺入较少量来使用.这里把它称为掺杂化合物色素,这一过程被称为发光层的色素掺杂.[3](图 6.5)

提到掺杂,我们知道,体育竞赛过程中少量的兴奋剂药物吃下后,能使运动成绩大幅提高.有机 EL 领域的掺杂物(色素),以 1%~2%的程度掺杂到主体材料中,就能使发光效率大幅提高.

在这个主体材料和掺杂化合物的组合中间,发光是从掺杂化合物得到的.这里有两类反应机理.一类是电子和空穴在主体材料中发生再结合,首先使主体材料变为激发状态,其激发能再向掺杂分子移动,掺杂分子被激发,然后发光.这个过程被称为能量转移机理.还有另一种解释,电子和空穴在掺杂的分子中再结合,直接由掺杂化合物被激发发光,这个过程称为直接再结合激发机理.不管是哪一种情况,主体材料的激发能级都要比掺杂分子的激发

---

[1] 铝配合物(Alq_3)的电子迁移率:10^{-5} $cm^2/(V·s)$.
[2] 铕配合物:$Eu(DBM)_3(Phen)$.
[3] 已经做过描述,作者在铝配合物上导入甲基,制备了甲基铝配合物,用它作为主体材料,用荧光色素掺杂作为发光层,实现了当时世界上发光亮度最高的有机 EL 器件.

(a) 发光物质和主体材料的作用

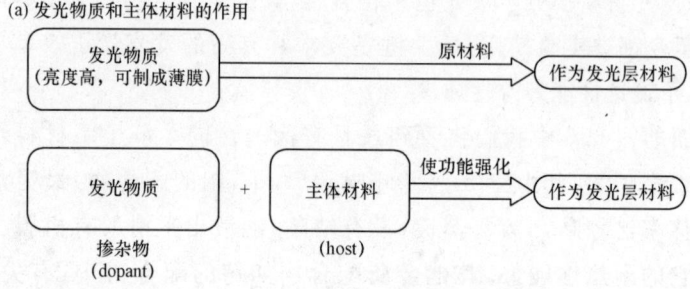

(b) 掺杂用材料

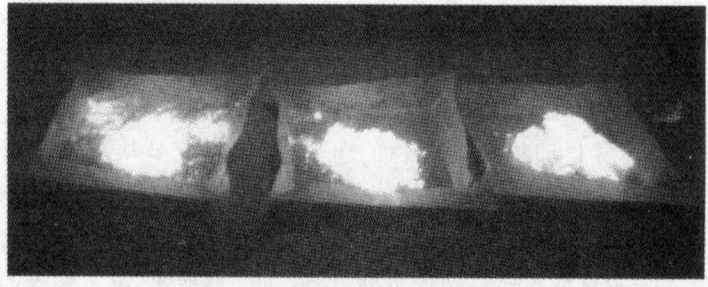

(c) 荧光色素在紫外线照射下发光

图 6.5 发光的物质和主体材料

能级高,这是材料选择的基本条件.如在蓝色发光材料中掺杂绿色发光材料,以及在绿色发光材料中掺杂红色发光材料等,有各种不同的组合方式.还有,作为主体发光材料要满足电子和空穴两者都能注入、成膜性能好、耐热性能高,同时激发能级也高等条件.

对于掺杂色素,首先要求其发光效率高,其次分子不易凝集结晶,也就是说,在主体材料中能够均匀分散开来.一般来讲,荧光色素物质都是刚性平面结构,凝集结晶比较容易.但是凝集结晶会造成发光现象的劣化,在分子设计过程中,就必须满足与其相反的条件才能达到目的,也就是要设计出刚性非平面、不易凝集结晶的分子来满足其要求.

实际上,色素掺杂不仅能够提高发光效率,色调的混合变化也可以使用该掺杂方法.如第 2 章第 6 节所述,利用色素掺杂的方法,在聚合物中掺杂色素分子实现了白色发光的目标.

一般情况下,发光层是通过共蒸镀[①]来实现的,发光中心的微量的掺杂分子作为客体材料掺杂到主体材料中,实现其共蒸镀.这是因为荧光量子效率高的发光色素具有浓度消光的特性,为了不使其消光,采用了低浓度掺杂.还有,根据此方法,使得成膜性不太好的发光材料作为发光中心的掺杂色素也能够用作有机 EL 材料.

6.3.3 高分子发光材料

日本的发光材料研究主要是以小分子化合物为中心展开的.与其相对,欧美国家则是以高分子(聚合物)作为发光材料的研究更多一些.

高分子材料的一个优点是比小分子化合物物理强度高.从器件的物理强度来看,这是有利的,还有用喷涂的方法制作器件比较简单也是其优点.

高分子发光材料也可分为两大类:π 共轭体系的高分子(聚合物)[②],含有色素的高分子(聚合物)(非共轭体系高分子)[③].

共轭体系高分子是指主链上具有 π 共轭构造的一种高分子材料.这类高分子(聚合物)材料,如聚乙炔等,它的导电性和非线性光学性质常常是人们的研究对象.该方向不像期待的那样有很大进展,因此,许多研究 π 共轭体系高分子的学者,都转向了有机 EL 的研究.

图 6.6 所示是最具代表性的 π 共轭体系高分子发光材料.主链由碳碳单键和碳碳双键交替重复链段组成,也就是 π 共轭体系.由于是刚性的主链,所以该类高分子化合物溶解性差的占多数.像胡须一样长着侧链的高分子,由

---

① 共蒸镀:从不同的蒸发源加热,使主体材料和掺杂物升华、混合以制备有机膜的技术.

② π 共轭体系的高分子:由碳原子构成的高分子主链单双键交替出现,由于原子间的相互影响而使体系内的 π 电子分布发生变化,电子在高分子主链上处于自由移动的状态.

③ 含有色素的高分子体系发光效率高、载流子迁移率低,和 π 共轭体系比较其驱动电压也高.迁移率高的有机发光材料的开发是研究的热点课题.

于减弱了其主链的相互作用,就会变得易于溶解.还有,π共轭体系高分子材料的弱点是有长长的共轭体系. HOMO与LUMO的能级差比较狭窄,发光常常出现在比绿光波长长的黄色和红色波段.总之,蓝色发光材料比较难合成.最近,确实有蓝色聚合物发光材料开发成功的例子被报道,但从发光颜色的自由度、材料设计的自由度来看,远不如小分子.

(a) 小分子系代表材料

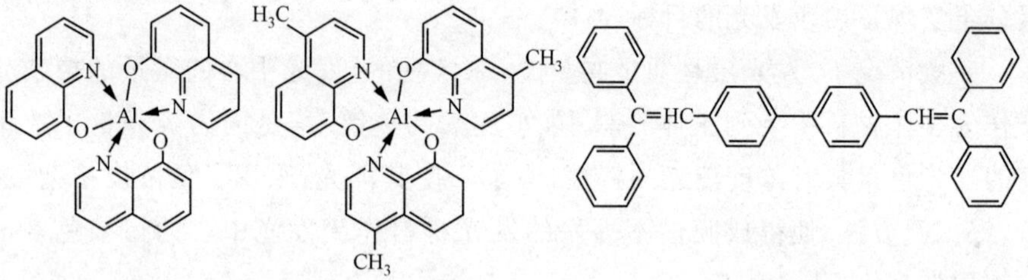

Alq₃　　Almq₃　　DPVBi

(b) 高分子系代表材料 (π共轭高分子)

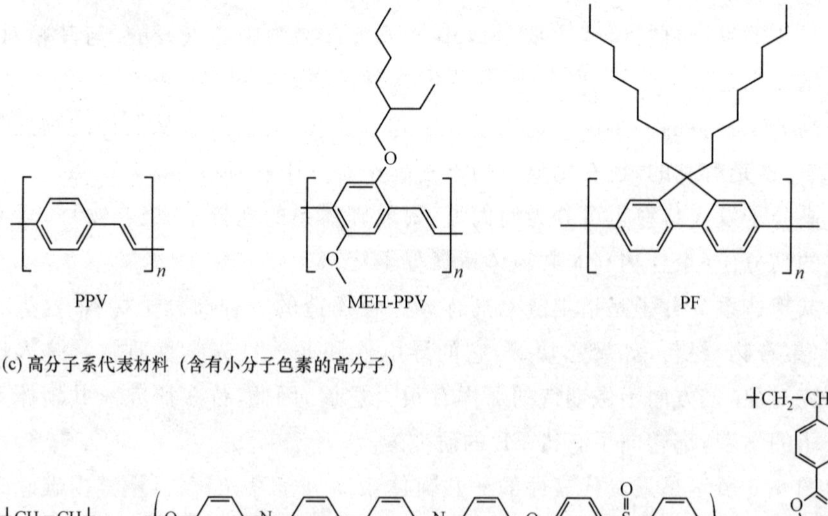

PPV　　MEH-PPV　　PF

(c) 高分子系代表材料 (含有小分子色素的高分子)

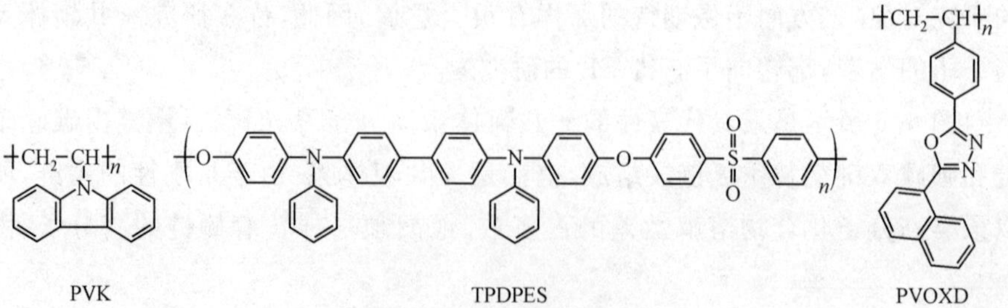

PVK　　TPDPES　　PVOXD

图 6.6　主要的发光材料

材料开发的关键点是,高分子材料是单层构造器件,用单一的材料来满足电子、空穴的平衡注入.高的发光效率、好的成膜性、高的耐热性等多种要求是很难同时满足的,这就是高分子发光材料研发的难点.

含有色素的高分子就像其名称一样,是把小分子色素化合物接到高分子链上,形成高分子化的化合物.所以,它的载流子输送性能与发光特性基本上和小分子没有太大区别,这是该类高分子化合物的特性.就是发光的颜色,也有很高的自由空间,从蓝色到红色等各种颜色,甚至白色发光都能实现.

图 6.6 的下面是最具代表性的含有色素的高分子化合物的结构式.例如,聚乙烯咔唑是高分子化合物中具备空穴传输性能的发光材料的代表.它已经在复印机光导材料的载流子传输层领域研究过.同时,它又具有荧光性能,薄膜状态下发蓝光.

还有将色素分散到高分子中的方法,不仅有控调发光颜色的作用,而且由于色素的分散,还可以用喷涂的方法制备效率较好的单层结构器件.

§6.4 传输层、注入层材料的探索

发光层当然是有机 EL 最重要的部分,但如果传输层,注入层不能充分发挥作用的话,发光层也无法充分发挥其作用.本节简单介绍一下它们都使用什么样的材料.

6.4.1 传输层材料——复印机的材料转用即可

传输层(载流子传输层)处在发光层和注入层的中间位置,它要求对电子或者空穴有优良的传输性能.传输层又分电子传输层和空穴传输层,实际使用的材料,如图 6.7 结构式所示,是一种含有氮原子的,称为芳香胺[①]的有机化合物.其中最被人熟知的是 TPD.关于 TPD,稍作一下说明.TPD 在复印机的领域十多年前已经被使用.它是 Xerox 公司开发并在该公司的复印机上使用的有机化合物.

提到复印机材料,人们会联想到调色剂,但调色剂不是该物质.它是涂在

---

① 芳香胺:简单地说是在像乌龟壳一样的苯环上连接了氮原子,如图 6.7 所示.

(a) 主要的空穴传输性材料

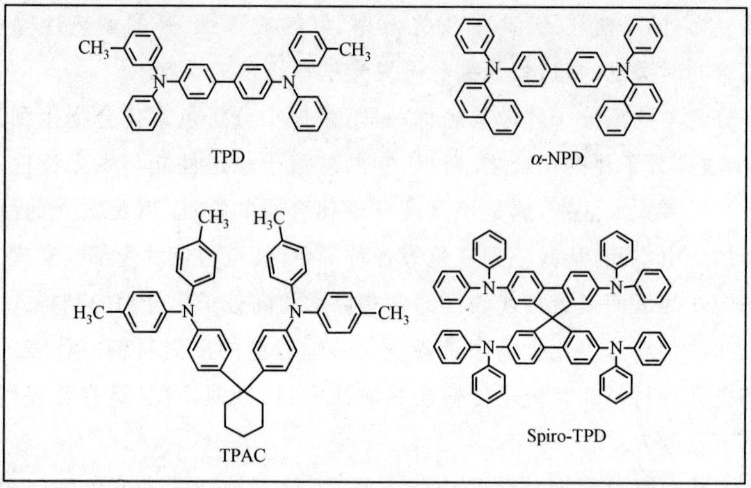

TPD　　α-NPD

TPAC　　Spiro-TPD

(b) 主要的电子传输性材料

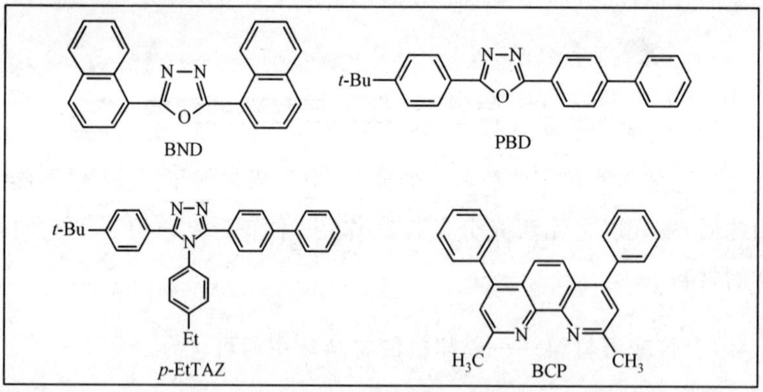

BND　　PBD

p-EtTAZ　　BCP

图 6.7　主要的传输性材料

硒鼓上作为感光材料而被开发出来的. OPC[①] 不能说是导体,但是在高电场下会产生电流,也就是像半导体一样. 从它外部注入载流子就会产生电流,是一种迁移率很高的材料. 这类材料在激光打印机领域被广泛地使用.

使用迁移率很高的材料意味着有机 EL 和复印机是同样的原理,为此原则上空穴传输层使用的 TPD 和 OPC 材料可以照搬使用. 但在有机 EL 领域原样使用可能其耐热性、成膜性(结晶)会有问题. 稍作结构上的改良,将可提

---

① OPC 材料:由于有了该材料,复印机和激光打印机变得便宜了,也普及了.

高器件的寿命.

至于电子传输性有机材料,基于 OPC 材料的研究开发还没有达到实际应用的水平.其原因是放出电子被氧化的分子比接受电子被还原的分子更难以开发.为此,在有机 EL 领域,与空穴传输性材料相比,电子传输性材料的开发则相对落后一些.

因此,传输层材料的研发,可以利用复印业界的知识储备,如什么样的材料空穴传输能力强,什么样的材料电子传输能力强等.这也是十多年来有机 EL 快速发展的原因,也即吸收各种产业的智慧和点子才有了快速发展的有机 EL 产业.

6.4.2 注入层材料

注入层是夹在电极和传输层中间的,也被称为电极界面层.它以电子或者空穴传输能力强作为必要条件.还有,由于在无机材料和有机物的界面使用材料,对两者的相容性都要求很高.由于在易湿,也就是亲水性的 ITO 表面,又在亲油性的有机物表面承载着,所以要求的相容性就高.

关于空穴注入层,小分子和高分子使用的材料是不同的.小分子情况下使用和空穴传输层相近的材料(图 6.8),如经常被作为颜料使用的酞菁铜和芳香胺系列.其中酞菁铜在面板上已经使用.它的耐热性能好,用它制备器件耐热性和寿命也可提高.

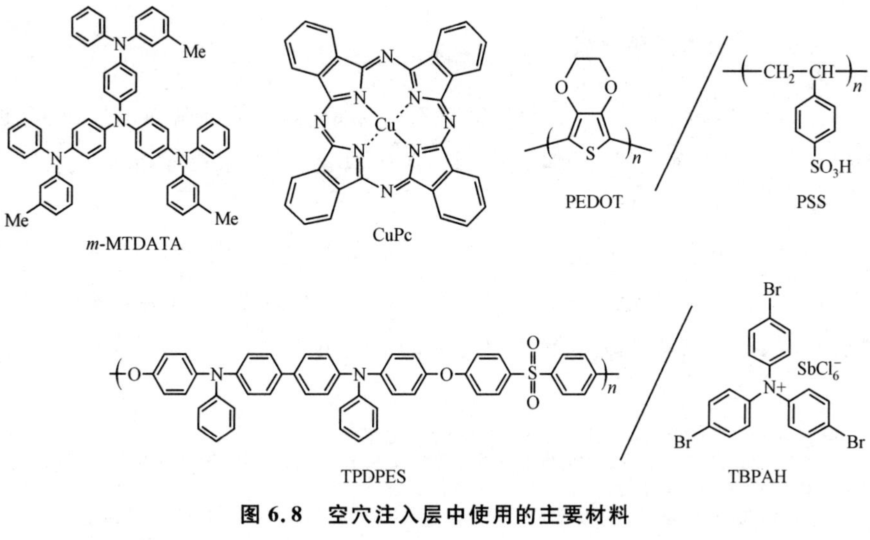

图 6.8 空穴注入层中使用的主要材料

酞菁铜是一种众所周知的耐久性非常好的颜料[1]. 作为东海道新干线的蓝色, 汽车上浅蓝系的颜色都是用它作为颜料(和油漆相似, 带色的有机材料)的. 所以, 酞菁铜不是什么珍贵的材料, 和 Xerox 公司的复印机同样, 已经在各种地方使用, 可以说是一般的有机化合物.

另一方面, 高分子器件的空穴注入材料是聚合物材料, 一般用噻吩类聚合物(PEDOT 等等)和苯胺类聚合物, 换句话讲是用的导电高分子材料. 对于这些高分子材料, 为了提高其导电性能而用有机酸进行化学掺杂. 这种有机酸使 ITO 表面的性质发生改变, 从而提高空穴的注入能力. 发光层高分子的界面附近由于化学掺杂, 使空穴注入更加容易. 在 PEDOT 的情况下, 其水溶液以分散状态在基板上喷涂, 烘干后在其上面涂布发光聚合物. 因此在发光层形成的过程中, 空穴注入层不发生溶解现象, 能够形成漂亮的双层结构. 溶解于有机溶剂类的空穴注入层材料, 不能简单用此方法涂布.

至于电子注入层, 一般阴极采用廉价的金属铝, 而在有机层和金属铝中间插入电子注入层, 常使用逸出功小的金属[2]锂、钙、氟化锂或者氧化锂等金属氟化物、氧化物、无机化合物. 有机物可以用锂配合物. 尽管同样是电子注入层, 但稍有不同.

§6.5 电极材料的探索

6.5.1 制作透明电极

电极分为阳极和阴极. 它至少需要有一面透明, 否则光就无法发出来. 透明电极最一般地都使用 ITO, 它是铟和锡的氧化物. 在液晶显示器上也使用此电极.

但是, 与液晶相比有机 EL 的膜更加薄, 电极表面的平滑性(凹凸性)[3]就成了问题. 在 ITO 膜成膜之前, 玻璃基板不预先研磨的话, 将会给 ITO 的平滑性造成影响. 被动型显示器使用普通的便宜的蓝色玻璃. 玻璃的确要保证

---

[1] 染料是可以溶于水的色素, 颜料是不溶于水的色素.
[2] 逸出功小的金属: 逸出功的概念下面要详细叙述. 用一句话来说, 逸出功小就是用小的能量便可以使金属失去电子的意思.
[3] 凹凸性: ITO 以前开发的粗糙膜, 是氧化锡的膜, 制造工艺简单, 但存在凹凸性的问题.

透明,但是没必要要求其高度不含有碱的成分.为了不让金属离子从玻璃转移到ITO表面,在ITO和玻璃两层间插有一层二氧化硅薄膜.

作为电极使用的材料的关键点如下:阳极要使用逸出功大的材料,阴极则要使用逸出功小的材料.请了解这一点.

ITO的逸出功,与空穴传输材料的HOMO能级水平、电子充填的顺序非常接近,容易从有机物吸引电子,也就是空穴注入较容易.所以,ITO作为阳极来使用.它透明,人们常如此书写,还这样使用.

与其相反,阴极侧要与有机分子的LUMO的能级水平相匹配,方便电子注入,因此逸出功低是其必要的条件.逸出功低的材料有金属镁、锂等.在20世纪80年代有机EL研究开发初期,这些金属及其合金常常被作为阴极材料使用.

现在常常使用更加廉价的铝作为阴极材料.铝价格便宜,容易使用.但从逸出功角度考虑,铝比镁、锂逸出功更大.为了对铝的逸出功做以补充,常在铝的界面加入一层电子注入层.实际使用中,锂和钙等金属,氟化物或者氧化物等组合起来用做电子注入层.也就是说,这些注入层和铝电极是以双层结构使用的.还有,注入层是在有机层和电极之间的界面存在的有助于电极向有机层注入电子的,通常厚度为 $0.5 \sim 1$ nm 的超薄膜.特别是氟化物和氧化物为绝缘体,使用时如果厚度过大会影响电子的注入,器件的性能也随之恶化,因而要严格控制膜的厚度.

最近的研究发现,锂、钙等电子注入层与有机层能够发生反应,也就是发生了化学掺杂现象.换句话说,作为反应生成物,有机物的自由基离子状态(取得电子状态)是一种在有机物中注入电子的状态,这种自由基离子与金属反应最容易在界面形成时发生.研究表明,就是反应性很弱的氟化锂化合物遇到在加热状态下蒸镀的金属铝也会被还原,生成金属锂,从而和有机物发生化学反应.所以,阴极表面注入层的作用是保证并促进在阴极表面的有机化合物发生还原反应.

6.5.2 逸出功大小的意义

刚才我们介绍了逸出功大、逸出功小等问题,到底逸出功大小是个什么样的概念呢?

简单来讲,逸出功就是对金属施以什么样的能量能够使其失去电子,即失去电子的难易程度. 希望读者能如此思考该问题. 逸出功小指的是利用较小的能量就能使金属原子失去电子, 换言之, 也可以说金属容易失去电子. 这就是说该金属逸出功小, 若与有机物发生化学反应, 有机物容易被还原. 相反, 材料的逸出功大是指其容易吸引电子. 例如, ITO 的逸出功大, 就说明它容易取得电子.

逸出功的大小指金属失去或得到电子的难易程度, 它是随金属不同而不同的. 碱金属的逸出功非常小, 所以容易失去电子. 其次是碱土金属, 这从周期表可以理解. 如碱金属的锂与碱土金属的镁相比, 从周期表的位置就可知其逸出功及作为阴极材料的优劣.

锂的逸出功为 2.7 eV[①], 铝的为 3.8 eV. 根据金属的逸出功大小可知其用途, 基本原则是把逸出功小的置于阴极一侧, 把逸出功大的置于阳极一侧.

§6.6 基板是全部器件的基础

6.6.1 作为希望之星的塑料基板的缺点

现在, 基板都是使用玻璃的, 其作用只不过是来支撑器件. 由于要求透光, 所以加上了透明的要求. 如果从便宜、透明来考虑的话, 玻璃以外的材料也可使用. 实际上塑料基板备受关注, 它既薄又轻又不容易破碎. 如果比玻璃基板便宜, 塑料作为基板的条件完全可以满足.

作为基板, 塑料的劣势在于其不耐高温. 有机膜常温的条件下就可以形成, 但 ITO 膜的成膜要求升温到接近 200℃, 不然就没有高的导电性. 所以, 作为基板的塑料要求其玻璃化温度要达到 200℃左右. 还有, 若考虑用低温聚硅烷 TFT 制作驱动的显示器, TFT 制造过程虽然说是低温, 但也要求加热温度在 600℃左右, 塑料根本耐不住这样的高温. 现阶段使用耐热的聚合物, 被动型显示器, 不用玻璃基板, 使用塑料基板也就有可能了.

但是, 塑料基板除温度外还有另外一个弱点: 与玻璃相比, 它对外界气体侵蚀的保护能力比较弱. 基板是整个有机 EL 器件制作的基础, 如果有大的缺

---

① eV(electron volt)读做电子伏[特]. 电子伏[特]是原子或者原子核层次的能量使用的单位, 1 eV=1.602×10^{-19} J.

陷,将无法支撑器件.如果使用塑料作为基板,那么,避免水分、湿气的影响的对策是必不可少的.对于塑料基板的保护性差的缺点,人们提出了给塑料基板加层保护膜的方法来做弥补.

实际上,说到做一层保护膜,用像二氧化硅这样的无机氧化物或者无机氮化物,在塑料基板表面上附上一层薄膜就可以了.对化学熟悉的人马上就会想到,二氧化硅膜,实质上就是一层玻璃膜.

使用塑料基板是可以的,但要在其表面附上一层超薄的玻璃膜来增加其保护强度.现阶段,塑料基板和玻璃基板达到同样的保护性是不可能的,作为其对策,采取在塑料基板表面附加一层和玻璃同样成分的超薄膜来解决.

有人提出,不附加玻璃膜,而开发出保护性高的塑料基板不就可以了吗？最好不要有这种异想天开的想法.当然,便宜且可商品化的话的确可以.现阶段,开发出与玻璃基板具有相当保护性的塑料基板,从时间、成本等要素考虑已经来不及了.况且,在现有塑料基板上附上一层保护膜就可以满足其强度要求,而塑料上镀一层玻璃膜不需太多的工序.成本角度也没有大的增加,仅附上必要的膜就可以了.从功能分离的角度考虑问题,分步进展是最节约的方法.当然,如果在有机 EL 和液晶以外的领域,有可预见的大量市场,这种情况下,则将另当别论.如果有那样的要求,马上进行开发研究将会有更大的帮助.

6.6.2 顶发光器件要求阴极是透明的

现阶段,阴极使用金属材料,阳极材料使用 ITO.其器件的结构为从阳极侧通过基板而发光(底发光).相反,如果从阴极侧发光(顶发光)[①]的话,将有些与前者不同.从阴极发光的话,阴极电极材料要求必须是透明的.所以,将会要求阴极侧的电极使用透明的 ITO.这种情况下,由于 ITO 的逸出功较大,电子注入性能较差,所以须采用在 ITO 表面镀上一层镁或者锂的超薄膜的方法.处理后的阴极,其使用就可达到要求了.

可是,ITO 是采用溅射的方法来镀膜的.与有机膜的蒸镀方法相比较,这是一种非常粗暴的方法.它是将在真空中形成的 ITO 等离子粒子加热蒸出溅射到目标基板上的一种方法.

---

① 如果有人忘记了顶发光和发光面积比率,请再阅读一下第 4 章第 2 节.

有机膜就像人体的皮肤一样,是非常精致的膜.若以溅射的方法,在其表面进行ITO粒子成膜的话,将给精致的有机膜以致命打击.在有机膜上镀ITO这一高难度技术,相关研究室等已经开始进行研发.[①]

为什么会有那样的必要呢?在玻璃基板上制备有机EL器件的话,和过去一样,从阳极发光就可以了(底部发光).但是,在有源驱动的情况下,由于是TFT形式,阳极发光方案的发光面积会变小.而在TFT上制成发光的器件,由于是从上面发光,能够使发光面积变大.因此,从阴极发光的要求在增多.从该意义上讲,是到了要解决其课题和技术的时候了.

§6.7 是小分子好还是高分子好

6.7.1 再盘点小分子与高分子的优缺点

在本章的最后,笔者对小分子和高分子各自的优缺点进行一些比较.这个问题也是笔者常常被问及的问题,在此做一回答.[②]

首先从制备方面比较一下两者的优缺点.曾经多次讲过,小分子材料是采用真空蒸镀成膜的.包括阴极在内,共有5~6层的有机膜和电极要进行蒸镀.现阶段所使用的成膜设备的结构是每层对应着一个真空蒸镀室,它们之间有移送通道,基板在这些真空蒸镀室之间来回被移送.还有,在真空蒸镀室内部为了使膜厚度均一,基板还要能够转动.所以,用这种方法制备RGB三色的显示器的话,包括预备室在内,需要近10个真空蒸镀室.其生产线,看到的人就一目了然了.当然,设备的价格也很昂贵.

更加不利的是,有机材料的利用效率极低,仅有百分之几的程度.而且蒸镀速度也很慢,所以产能也很低.再者,因为使用的基板是40英寸的,也让制造成本变得更高.同时,制备RGB显示器要用掩膜板,而掩膜板的精确度也是问题,因而高精确度的实现本身也是困难的.

另一方面,高分子材料将是怎样的情况呢?用喷墨印刷的方法制作RGB器件时,喷墨印刷设备、电子注入层及阴极成膜用的真空室等各准备一个室

---

① 笔者等成功地用对向目标溅射这种特殊溅射方法在有机膜上制成了ITO膜.
② 在第2章第1节中的城户注解(编者注:中译本改为页下注)里有关于小分子系和高分子系的选择性问题,此处就是该问题的答案.

就可以了. 装置的总体成本显然是高分子材料的要低得多. 而且,墨是定量在基板上喷涂的,没有任何浪费. 同时,印刷的精确程度也非常高,不仅适用于高精密度的显示器,基板的尺寸就是达到 1 m 也同样可以使用. 总之,作为有机 EL 显示器的制备工艺,喷墨印刷的方法是高分子材料的最佳方法.

可是,高分子材料也不是万能的. 小分子材料的发光效率高,显示器寿命长. 对高分子而言,效率比小分子要低,特别是蓝色发光寿命很短,还没有达到实际应用的水平. 总之,材料的特性方面,高分子系比小分子系要差一些.

6.7.2 小分子之后应该为高分子材料

材料开发的速度,小分子是比较快的. 小分子材料已经量产,带来了商机,也有大批的化学工厂加入生产行列. 无论多少层,可以把功能分离开来使用,根据要求把材料开发出来就可以了. 其开发简单等方面为人所知. 与其相对应的高分子材料,单层结构的器件要求一种高分子化合物既满足电子和空穴传输性好,又要发光效率高、成膜性能好,同时必须满足的要求很多,所以开发就比较困难. 要使具备各种特性的高分子材料的开发赶上小分子材料,需要更多人力和财力的投入. 作为商机来讲,将是一种危险的境况.

对高分子材料而言,还有更不利的因素,已经开始有一系列的小分子显示器投放市场,后来发展起来的面板企业也以小分子量产为目标,倾注了大量的人力和财力. 其结果是,高分子的需求将变得更低,材料企业有可能停止高分子材料的开发.

如果这种不良循环开始的话,与高分子相关的面板企业和材料企业的逐渐消亡只是时间的问题. 没有企业搞材料的开发,就无法制造其面板,面板企业没有了,材料企业也失去了存在的意义.

但是,根据前述,最佳技术是利用喷涂的方法来制备显示器,高分子 EL 的火种绝不会因此而熄灭的. 所以,高分子和小分子不是现阶段的竞争对手,应该说,小分子之后是高分子材料. 应该通过 5 年乃至 10 年的努力,以实用化为目标,不断提高技术. 不要马上考虑产业化的问题,而应该从基础研究、材料开发着手. 持续努力下来,高分子材料将有广阔的前景.[①]

[①] 小分子对高分子:如果现在就和小分子竞争,高分子一定失败,且 5 年后高分子的火种将会消失.

第7章 有机 EL 领域应解决的课题是什么

§7.1 目标是长寿命化

7.1.1 有机 EL 的寿命从几分钟延长到了 10 万小时以上

就像最初介绍的那样,有机 EL 有画面漂亮、亮度高、视角广、超薄等优点.这些特征远远凌驾于液晶之上.如果量产化之后价格能降下来的话,它很快将成为液晶的替代品.并且由于其超薄、柔软等特征,制成卷曲型的显示器也成为可能.

有机 EL 最为急迫的课题是长寿命化问题.就像超薄膜显示器,还处在试制阶段.有机 EL 产品上市大多将在 2003 年开始,已经进入了不能再等待的阶段.当前最为紧迫的课题是延长有机 EL 的寿命.

在第 1 章中做过介绍,1987 年柯达公司的邓青云博士做实验时,有机 EL 的寿命仅仅有几分钟时间.当初,柯达公司内部也形成了一种有机 EL 不可能成为实用产品的印象.但是,到了 20 世纪 90 年代初,通过日本国内有机 EL 研究者的努力,其寿命达到了 10~100 h.到了 2003 年 1 月,已经有超过 10 万小时的发光器件诞生了.(大部分材料的寿命大约是数万小时)

有机 EL 的劣化机理一个个被阐明,一个个难题被克服,有机 EL 器件的寿命慢慢地在延长,这是与企业的努力分不开的.下面对有机 EL 的劣化类型做一下讲解.从大的方面可将其分为两类.

7.1.2 把黑点先消灭掉

第一种劣化形式是发光效率逐渐地变低.例如,用同样的电流密度来驱动,但器件的发光亮度渐渐下降,一点点逐渐变暗的问题,其本质就是发光器件的劣化.

第二种情况,发光面上出现被称为黑点①的现象,不发光的点一个一个地出现.其黑点现象在所知的 TFT 液晶和 TFT 有机 EL 领域是经常出现的问题.一个显示器出现几处黑点的话就形成了缺陷品,无法成为产品.但是黑点现象和像素缺陷是完全不同的类型.

黑点现象最初是人们肉眼看不出来的小点.使用几天之后,有不发光的点逐渐出现.黑点现象的麻烦之处还在于其逐渐变大,以致最后全部变黑.(图 7.1)

(a) 正常发光场合

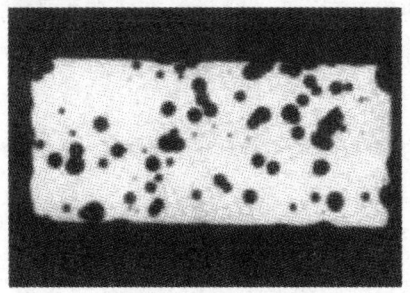

(b) 发生黑点场合

图 7.1　黑点现象
照片提供:日本 Tokki 公司

最先解决的是黑点现象问题.黑点现象为什么会产生呢？追究其原因,如下的机理对其成因做出了解释.

这基本上是电极或者是电极表面的问题.就像前面说明的那样,如果用逸出功小的材料(易反应)做电极,器件中渗入的湿气(水分)就会与电极材料发生化学反应.其结果,例如,使用金属锂这样的易反应的电极材料,会和水

---

① 黑点:也有称黑点现象的.

分发生反应形成氢氧化锂,或者电极表面的有机化合物分子和水发生化学反应,其性质发生变化,与水分接触部分会变成其他物质.那样的话,金属锂的状态可以注入电子,可变成氧化锂后电子将不能注入.电子无法注入,其结果是变得不再发光.性质变化后的有机物分子载流子无法再运送,那部分电荷就无法注入,也会变得不再发光.这就是其成因.水分继续侵入到器件内部,不能发光部分逐渐变大变多.

因此,如果能够完全杜绝水分的侵入,黑点的产生就会被抑制,就可以延长器件的寿命.为此,可以通过在有机EL器件的上面贴上一个封装容器来解决.在封装容器中加入干燥剂,使空气中的水分无法与有机EL器件接触.日本东北先锋公司等在努力做此工作.现阶段,有关黑点现象问题可以说是基本解决了.[1]

7.1.3 黑点的成因来自于灰尘

演讲时常常被问及封装容器中加入干燥剂,而干燥剂吸收空气中的湿气,充其量一年时间将会失去吸水能力等问题,这大概是以家庭用干燥剂的概念来衡量的说法.的确,家用干燥剂只能有一年左右的吸水能力,但这是因为将其放置在空气中所造成的.

有机EL器件所用干燥剂,是在不与空气接触的封装容器和贴膜剂中密封使用的,没有大量的湿气进入到该器件中,所以是和家用干燥剂有区别的.它是用来防止越过封装、干燥剂等进来的极少量水分的,现有的干燥剂已足以具备切断极少量水分侵入的能力.

如上所述,有关黑点的问题似乎已经有完备的对策了,但是,当人们仔细观察最初形成黑点的部位时,发现在那个部位有细小的尘埃存在.包括电极在内的有机EL器件的厚度只有 $200\sim300\,nm(0.2\sim0.3\,\mu m)$,因此,在器件制备过程中,如果基板上某部位出现仅仅数十纳米厚的尘埃,也会在该部位形成细微的空隙,水分就会从该空隙进入器件中,和电极发生化学反应,产生黑点.尘埃一旦侵入某部位,就会逐渐向该部位的周边侵蚀.所以,黑点的形成,最初表现为微小的不发光点,然后逐渐长大.根据以上分析得知,如果最初没

---

[1] 黑点现象基本解决了,这得益于如上问题的解决.图7.1的照片是对企业的样品拍照的,来自Tokki公司,在此表示感谢!

有黑点存在,就不会出现黑点逐渐变大扩散的问题.

当然,和半导体、液晶等一样,有机 EL 器件是在超净间里完成制造工艺流程的.可是,这样做也不可能完全把尘埃排除在外.尽管做不到尘埃为零,但利用封装容器(加干燥剂),阻止器件内部材料和空气中的水分发生反应是可能的.

7.1.4 如何防止发光效率降低

再来思考一下发光效率低下的问题.该问题也有各种各样的原因.现在,有机器件寿命达到了数万小时,可最大的问题是有机化合物材料由于副反应所引起的劣化.有机化合物得到电子,发生还原反应;失去电子,发生氧化反应.[①]在重复进行这些氧化还原反应时,如果伴随有什么副反应的话,有机物的结构就会发生变化.若是结构变化,但还能够发光的话还好,可惜事实并不是都随我们的愿望变化.有时结构发生变化,会使其变成非发光物质.更有甚者,当其形成的是消光材料时,所发光会全部被吞噬掉.其结果是,发光层自身的发光量子效率降低.如果消光材料越增越多,发光效率就会一直下降下去.或者,电子和空穴的电荷载流子被积聚在一起,也就是出现电荷被束缚状况,全体的载流子的迁移率下降,随之发光效率下降.

副反应发生的原因,有材料自身对氧化、还原反应等的不稳定性,同时还有杂质混杂在有机材料中[②]的因素.水分和其他杂质等发生反应,生成副产品.所以,使用材料要求有极高的纯度.但很遗憾的是,有机化合物的纯度和无机材料半导体材料的纯度是无法比拟的.材料除了反复进行升华提纯、过柱子提纯等外,没有其他提高纯度的方法.今后有机材料的提纯方法的确立,不仅对有机 EL 器件,包括对电子器件的开发都是不可欠缺的.

有机膜中的水分问题,特别是对于高分子材料的器件来说,是一个亟待解决的课题.发光层是采用溶液状态进行喷涂的.有机溶剂中含有的水分和杂质,就是有极少的量,在有机膜中也有残留的可能.所以,成膜后彻底烘干

---

① 分子内电子注入在半导体等电子工程学科被称为电子注入,在化学的领域里被称为还原.还有,空穴注入在化学领域被称为氧化.专业不同,同样的内容其用语也发生变化.这样简单的地方希望统一起来.

② 杂质混杂在有机材料中:别的情况不说,即便是同样的材料,如果来源于 A、B、C 等不同的公司,提纯的方法不一样,样品也会有所不同.所以基于该样品制备的显示器,其寿命完全不同不是什么稀奇的事情.因此,材料的纯度最为重要.

和高纯度溶剂的使用也是不可缺少的手段.还有,现在高分子材料器件所使用的阳极缓冲层材料是分散在水溶液状态进行涂膜的,把水分完全除去是非常困难的.在这一点上,干制备过程的小分子材料与高分子材料相比,水分和杂质的问题要小得多.

其他被认为使发光效率下降的原因,还有结晶,也就是分子凝聚等问题.特别是在高温情况下,连续使用可能会使高分子膜的性质发生变化.最初是很漂亮的膜状态,温度上升时,材料发生结晶现象,膜表面会变得凹凸不平.膜中的有机分子发生凝聚,其部位就会发生消光.作为其对策,可在材料开发阶段设计出具有不易结晶的结构和不易凝聚的结构的化合物来回避此缺点.现阶段,该问题已基本上得到了解决.

作为延长寿命的对策,大量的问题需要提升综合能力来解决.仅发光层延长寿命不行,不能使电极和其界面稳定也同样不行.只有注入层、传输层等全部各层都最优化了,才能达到器件寿命延长的目的.

从这些延长寿命的方法来看,像小分子材料的制作方法那样,用最佳组合的材料组成多层器件,膜的表面分别喷涂,慢慢地改良才是最现实的.相反,像高分子材料那样,用单一的材料解决全部问题的单层方式,器件制作上非常简单容易,但追求长寿命的时候,努力的余地几乎没有了.这可谓是相当困难的选择.

7.1.5 寿命的定义和加速试验

讲到延长器件寿命的问题,还不得不对寿命的概念进行一些说明.在前边,我们对寿命的定义已经阐述过了,也就是器件的亮度衰减至最初测试亮度的一半时所需的时间.

如 5 mm 见方的有机发光器件,以 5 mA/cm^2 的电流密度[①]对其驱动,最初亮度为 100 cd,发光衰减到 50 cd 所需的时间称为其寿命.如这个亮度减半所用的时间为 10 万小时的话,寿命就是 10 万小时.

截至 2003 年 1 月,最初亮度为 100 cd 时,有机 EL 的寿命约在几万到 10 万小时.这是一个阶梯,预想还会有较大幅度的延长.1 年约 8000 小时,也就是其寿命远远超过了 10 年.

---

① 电流密度:单位面积(例如每平方厘米)所通过的电流的大小.

尽管原则上讲,这样寿命的测定要花费 10 年的时间.实际上提到的最初亮度为 100 cd,寿命为 10 万小时,并不是实际的应用寿命.

实际上是用加速系数的方法进行测定而求得寿命的.例如,用 4 种电流密度 5 mA/cm²、10 mA/cm²、25 mA/cm²、100 mA/cm² 来测定寿命,电流密度大的亮度就衰减得快.在此,用电流密度和寿命作图,就得到了其相互关系.尽管高电流密度的情况下发光亮度高,实际上如此高的亮度也用不着.先用高亮度状态来测定寿命,再把它换算成实际应用的亮度就可以了.(图 7.2)[①]能够使用多年就很容易理解了.

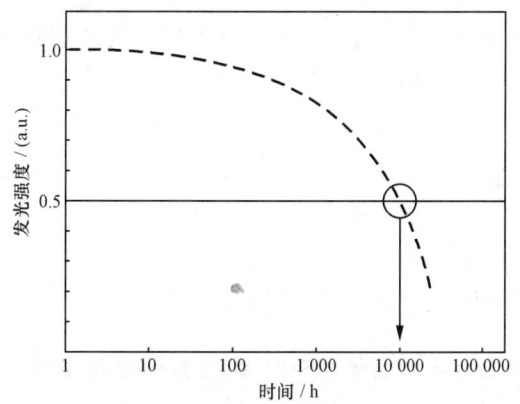

图 7.2 利用加速试验测量器件寿命(半衰减期)

尽管讲 10 万小时时间,实际上当然不可能用 10 万小时来测量.没有人会考虑用 10 年以上来进行发光测量.材料企业所说的有几万小时寿命的发光材料,都是利用加速试验来测定的.也就是说只是大概能持续 10 万小时发光的材料.

当然,材料企业所说的 10 万小时的寿命,其根本数据是可以查看到的.尽管测量条件、测量方法有所不同,但基本的方法都是相同的.

§7.2 大型化的手段

7.2.1 液晶的技术完全可以使用

从电视机的角度来考虑,有机 EL 显示器的大型化,要谈到哪个部分是关

---

① 也有在高温等的特殊环境里进行试验,把它换算成常温下的寿命的情况.

键,首先是 TFT 基板.TFT 基板能否作为大型基板进行量产是关键.

由于现在用背光型显示器的基板尺寸大概是 400 mm.最大尺寸在 400 mm(6 英寸)的显示器,实际上是按多面组合来考虑的,只有它的 1/4 或者 1/2 的大小,也就是 2~4 英寸的尺寸.这样的尺寸,多晶硅 TFT 基板的量产是可能的.但对于大型化,基板的大型化是必须的.

提及使用非晶硅 TFT,40 英寸级的液晶显示器所使用的非晶硅 TFT 基板已经量产了,是现成的基板材料.所以现在大型显示器所用非晶硅基板的制作技术有了相当的进步.用非晶硅 TFT 驱动的 20~40 英寸的大型有机 EL 显示器的试制只是时间的问题.[①]

一般来讲,大型显示器是指 30 英寸以上尺寸的显示器.有机 EL 显示器的大型化比液晶显示器可能性更大.60~100 英寸的尺寸采用无源驱动的方法.现在无源显示器是由上下两部分驱动来工作的.这样大尺寸的显示器还可以更细分,多面分块来驱动.如果这样的话,不用 TFT 基板,塑料薄膜也可以使用,特大型的超薄膜显示器也可以成功制备了.

关于全色彩,小型显示器用低温多晶硅来驱动,大中型用无定型硅 TFT 来驱动,特大型的可采用分块的无源驱动,由此可以把它们区别开了.

7.2.2 大型显示器用线源方法成膜(未来的成膜方法)

尽管说是大型显示器,也并不需要开发特殊的材料.而在基板制备过程中,蒸镀时膜的均匀性成为要点.基板越大,均一性成膜就越困难.

线源(linear source)蒸镀[②]这种方法已经逐渐引起注意,也是真空蒸镀方法的一种.例如,ULVAC 公司的蒸镀设备已经商品化了.(图 7.3)

蒸镀方法,是将成膜材料放入坩埚中,加热气化后蒸镀到基板上去.以此来考虑,坩埚是从一个地方把材料气化的(点源).而线源蒸镀不是用点源,而是用线源,即连续打开蒸镀源的口进行蒸镀.

迄今为止的方法都将基板放在离坩埚有一定距离的地方,其基板在蒸镀室中还可以旋转.但是,在线源蒸镀的情况下,基板仅仅在其上边通过,蒸镀就完成了.这样的情况若用点源,40 英寸的基板成膜时,需要容纳、旋转庞大

[①] 现在有机 EL 的驱动采用的是日本国家项目开发的 TFT 方法,将来预计用硅基板的 TFT 方法来替代原来的 TFT 驱动方法.如能实现的话,从 2 英寸的小型显示器到 100 英寸的大型显示器都可以使用有机硅基板的主动驱动.当然是用胶片做基板.

[②] 线源蒸镀:作者等和 Tokki 公司合作利用热壁的方法开发了线源蒸镀技术.

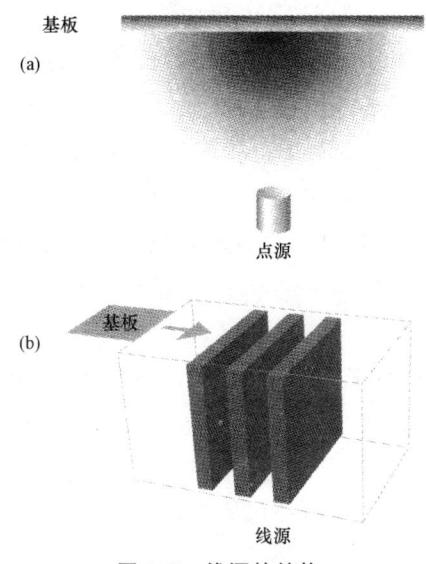

图 7.3 线源的结构

的真空蒸镀机(蒸镀室). 但是, 在线源设备蒸镀膜的情况下, 用特殊的蒸镀装置, 大型基板就可以成膜. 线源设备多个并排使用, 能够连续形成多层的有机膜. 这将是未来的有机 EL 成膜装置.

在高分子材料(聚合物系列)成膜方法中, 爱普生的喷墨法很有竞争力. 使用此方法, 相当大尺寸的显示器制造也没有问题.

所以, 有关有机 EL 显示器的大型化问题,

(1) 40 英寸以下的尺寸, 用非晶硅 TFT 的主动型是可能的;

(2) 40~100 英寸的超大型, 用无源型分块驱动方式是可能的;

(3) 小分子系列材料, 线源蒸镀技术进展中;

(4) 高分子系列材料(聚合物材料), 喷墨法涂膜是可能的.

以上各种各样的方法都有望取得突破性进展.

§7.3 高效率化的方法

7.3.1 提高内部量子效率

提高发光效率的方法, 大体可分为两类: 第一, 使用磷光材料作为发光材

料提高量子效率.第二,也是最新的一种方法,即使用多光子器件①来提高效率.原理上讲,多光子器件是同过去一样的器件重叠垂直排列,相互接结形成的.

就像图 7.4 所示,在阴极和阳极中间,插入被称为电荷发生层的膜,加电压时,正电荷(空穴)和负电荷(电子)就会产生,注入到相邻的发光单元,和从外部注入的电子和空穴进行再结合而发光.所以,器件内产生电荷部分,就会有更多的光子产生.如果插入一个电荷发生层,量子效率会变成原来的两倍,加入两层的话就是三倍,加入三层的话就是四倍,量子效率就会向期望的方向提高了.所以,制造出量子效率达 300%,梦幻一样的最佳器件,只是时间的问题了.和过去的器件相比,达到相同的亮度所需电压有所上升,但电流只需其几分之一的程度就可解决问题,此乃其优点.所以,即使高亮度驱动,也能达到长寿命使用.作为家庭照明使用来考虑的话,因家用电压是 100 V,这样高的电压驱动完全没有问题.

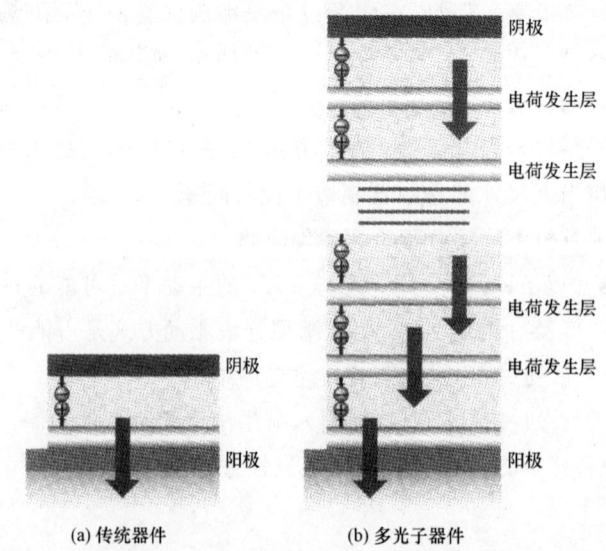

图 7.4　内部量子效率 200%、300% 的多光子器件已经不是梦幻元件

---

① 多光子器件:作者和神奈川县的 IMES 公司合作开发的新技术.

7.3.2 不让光子横向漏出

前一小节提到的有关的量子效率的问题有内部量子效率和外部量子效率两部分内容.谈到外部量子效率,也就是说器件内部所产生的光子中间,只有一部分能通过基板发射出来.光损失的原因之一是光在玻璃基板内部一边反射一边传导而导致一部分在横向被漏掉了.好不容易生成的光子,让其漏掉是一大缺憾.作为对策,可以使用在出射的玻璃表面加上一个细小的微透镜等,使横向传导的光向其前方进行传导的方法.这和液晶显示器的背景灯的导光板所用的技术相似.

现在能够达到的外部量子效率为 20%～30%.采用上面所讲的对策,量子效率达到 50%是可以想象的,这样效率就达到了原来的 2 倍.效率达到 2 倍,意味着消耗电力只有原来的一半.例如,白色有机 EL 器件若能达到这一效率,就和现在白色发光最有实力的荧光灯所消耗电力相当了.

7.3.3 膜的厚度也不是越薄越好

降低器件的驱动电压,最为主要的是开发出迁移率高的有机材料.大概很多人会讲,膜的厚度要尽量的薄.的确,膜的厚度越薄驱动电压就越可以降低.[①]然而膜太薄,与其有关的效率下降、稳定性差、容易短路等很多的缺点就出现了.实际上,现实的改良方法是没有的.

现在,有机 EL 器件的厚度(各层膜的总和)约在 100～200 nm.在膜变薄,驱动电压就一定下降的理论推动下,挑战 50 nm 左右的厚度的结果,就是出现了短路等问题.

膜越薄就越容易短路的原因,在黑点现象一段中已稍加说明了.基板上出现尘埃,表面凸起不平,就会出现漏电,器件就容易发生短路.总之有尘埃的地方形成了有机膜,然后又形成了电极(阴极)的膜,尘埃原因造成的没有形成有机膜的部位会有金属聚集,结果就发生了短路.

---

① 厚膜也可以低电压驱动:作者和 IMES 公司合作开发了利用化学掺杂来降低驱动电压的技术.在有机膜里掺杂反应活性金属(锂或者铯),使有机膜的导电性能上升,驱动电压显著下降.利用此技术,厚膜也可以低电压驱动.

7.3.4 膜最佳厚度是 100~200 nm 的理由

现阶段已经有了短路的修复技术,即对于发现的尘埃垃圾,用激光对其一个一个进行照射的方法.具体做法是,对由数枚大型基板组成的显示屏,先用显微镜发现不透光的部位,然后通过激光照射把尘埃和垃圾切除掉.这可能比较麻烦而且费时,但对于提高成品率是很好的方法.

不仅仅是短路问题,薄膜到了一定的厚度之下,发光效率也会下降,也就是说,好不容易多数的电子和空穴到了膜的部位,由于膜太薄,还没来得及进行再结合就脱离出去了.过分厚不行,过分薄也同样不行.总之,超出适当水平的薄就会带来负面因素的增加.现在认为,大约 100~200 nm 是比较合适、稳定的膜厚.

最优数据是有的.比如研究者所发表的最佳膜厚是 100 nm.这本身不是谎言,但在工厂生产时,为了安全,则要做成 130 nm 的厚度.总之,明知最佳数据为 100 nm,但将其他缺点一并考虑,安全生产才是关键.同样,驱动电压一般也比论文上所介绍的稍高一些.为提高成品率,这样的处理是必要的.

第8章　如何让日本在有机 EL 产业上取得优胜

§8.1　在有机 EL 产业上日本有没有胜算

邓青云那篇具有冲击性的研究论文发表(1987年)15年来,在有机 EL 产业界,好像仅仅是日本企业单独地在奔跑.相比较而言,欧美企业动作比较晚,韩国、中国台湾等的亚洲企业的相继参与也仅仅是这几年的事情.因此有人说"日本将独享作为下一代技术的有机 EL 产业".确实是这样吗？我们需要冷静地观察现实.

8.1.1　韩国逼近在最前沿领跑的日本

例如,韩国的三星 SDI 公司早在 1998 年就向笔者的研究室输送研究员.最初当他们来到研究室的时候,整个三星 SDI 集团里,从事有机 EL 研究的人估计也不过十几个.而现在,这个方向的研发人员应该已经超过了 400 人.

韩国企业的特征在于,开始的时候动作比较缓慢,但是一旦决定要"投入",便是彻底参与.实际上,最初三星 SDI 和 NEC 在韩国的釜山成立了一个合资公司.通过这个合资体制,NEC 过去十几年积累的有关有机 EL 产业的专业技能、半导体技术、掩膜板对位技术等各种已经实用化的技术被带到了釜山.不仅如此,三星还从日本的企业里买来有机 EL 材料以及最尖端的设备,使用日本的专利技术(日本有机 EL 专利是最多的),并且从三洋电机、先锋、爱普生等日本有机 EL 产业发展具备优势的企业里挖掘了许多核心技术人员.

这样一来,韩国三星 SDI 公司就轻而易举地赢得了日本在有机 EL 产业上多年惨淡经营才获得的硬件优势(设备、材料)和软件优势(专利、技巧),并且连同掌握着有机 EL 核心技术的人一起打包带走.在此基础上,其针对有机 EL 这项产业又特别投入数百人的研发力量,同时确保数千亿的资金能够用于发展这项产业.从利益回报来看,三星与日本公司相比当然也有着数量级上的差异.

概括地讲,三星自认识到"有机 EL 属于下一个发展热点"的时候,便从"人力、物力、财力、信息情报"等各个方面进行巨大的投入,大有一鼓作气追上并赶超日本的气势.这便是目前韩国在这个产业上的发展现状.

现在,可以认为"韩国=三星"(LG 的发展稍显落后).因此,日本必须考虑的一个问题就是"如何战胜三星 SDI".他们是真正的有钱人,同时高价聘请了一批优秀的科研人才.至于研发设备,则是从日本买的,与我们拥有的完全一样的先进设备.综合评价的话,韩国的人工成本、土地成本也要低于日本.也就是说,如果是生产相同水准产品的话,韩国方面毫无疑问是占有优势的.并且韩国人还拥有强烈的民族自豪感.我们必须思考的是如何才能战胜这样的强敌.

在钢铁、电器、半导体、液晶等等产业上节节败退的日本,21 世纪唯一有可能赢得胜算的技术方向就是有机 EL.我想说的是:"只有有机 EL 产业才有望复活日本."然而坦率地讲,笔者已经感触到了暗云密布的现实.

8.1.2　中国台湾有中国台湾的模式

和韩国不同,中国台湾是另一种感觉的竞争对手.以韩国的三星和 LG 为代表的韩国势力和日本企业一样,已经在半导体、显示器产业方面和日本拥有同样的技术储备,在发展有机 EL 产业时,具备了一定的基础积累优势.

不过,中国台湾的商业嗅觉更加敏锐."在闪存和 CD-ROM 产业取得成功的基础上,接下来要做的便是这个有趣的有机 EL 产业."有了这个想法,便有了资金上的投入,这就是中国台湾对这个产业的观点.尽管 CD-ROM 和有机 EL 从原理上来说完全不同,不过中国台湾有着立本之资.虽然最初缺乏基本的技术,但是当看到产业逐渐成熟的时候,他们便从日本买进可以提高产品成品率的量产设备,同时从日本买来材料,从而形成产业化.这就是中国台湾的做法.

中国台湾和日本、韩国不一样,研究零费用、开发零费用,总之,从设备到材料全部都要从其他地方买来并实现全自动化生产.这就是所谓的中国台湾模式.

即使没有基础技术,无论是半导体还是液晶,也还是靠这种方法做成了.凭着这份自信,只要能说服最初的投资人(有时是地区政府出资),或将其他产业上赚的钱,啪的一下投入到不尽相同但是非常有诱惑的产业上来,这就是中国台湾的商业运作模式.所以说,中国台湾企业的规模或许比日本、韩国的企业要稍微小一些,但是不欠缺活力和激情.在那里,30岁左右的事业部长不在少数,或者可以说更普遍些.

另外,中国台湾最大的优势是能说汉语,他们之中在中国大陆设厂的非常多,一旦到了"今后就让价格来决定胜负吧"的时候,就迅速在中国大陆建线量产.这种渠道也是他们拥有的优势.

基于这个观点,中国台湾势力的产业模式和韩国势力的产业模式是完全不一样的.

8.1.3 迟到的欧洲势力和关注专利的美国势力

如果仅从柯达和CDT的专利来判断美国和欧洲的产业动向的话,会有人有"进展顺利"的感觉.但说老实话,那里要比日本、韩国以及中国台湾滞后很多.与其说他们不把有机EL看做是一个有前途的产业,倒不如说,欧美的企业原本就已经撤出了平面显示行业的竞争,或许他们原本就认为参与这个竞争非常困难吧.

欧洲企业主流参与的是高分子(聚合物)有机EL方向.飞利浦、西门子等企业在高分子系列研发上一直以来倾注了很多的精力,不过至今还没量产.[①]谈到"量产的障碍",是因为目前他们都仅限于研究室研发.通过旋转涂膜法在小面积基板上制作有机膜层基本都能做到了,不过,在400 mm见方的基板的单个像素里融合数十种元素所形成的量产就存在巨大困难.这是高分子的弱点.

在这一点上,从小分子所采用的多层膜的结构进行改良的话要更容易些.目前被动式驱动小分子全彩显示器已经实现规模量产,但是高分子有机EL却迟迟不能实现量产,这就是目前欧洲在这个方向上的现状.CDT是拥有π共轭高分子重要专利的企业,由于目前自己还没有量产能力,也只能和爱普生等日本企业联合开展工作.

柯达的模式比较特别.美国的特点是小规模风投企业很多,不是仅限于有机EL产业,其他产业也一样.某些人有了一个好的想法就马上成立一个风险投资企业,并获取该项技术的专利,随后便把专利卖给日本的制造企业,这

---

① 飞利浦公司在2002年实现了单色,小尺寸高分子有机EL显示器在电动剃须刀上的产业化应用.

是他们的基本做法.他们通常完全没有要产业化的想法,获取好的专利,靠专利做生意是他们的基本战略.

8.1.4 照这样下去,"被逆转的日子"就不远了

目前,集合了材料和基板技术,能完美地实现生产的只有日本企业,这还是值得骄傲的.如面板的量产技术,东北先锋米泽工厂的产品成品率已经达到95%以上的水准,在这方面拥有压倒性优势.其他国家的厂商的量产水平,从产业角度来看和东北先锋相比还有一定差距.

但是,却不能高兴得太早.日本的设备制造企业确实非常的优秀,从设备性能到可操控性方面的所有细节不断地进行着改良,所以设备的性能不断地获得提升.但再过几年,无论是让谁操作,只要购买了日本的设备,就能达到同样的量产水平.也就是说,到那个时候日本和国外的量产制造技术水准就不会有太大差别了.

有人说:"日本人是个热爱学习的民族.日本企业从制造商那里购入设备,自己根据实际情况进行现场改装,只要不把这种信息反馈给制造商,把这些作为专有技能藏起来的话,别人就无法了解到,就没办法赶超上我们."确实如此,笔者也了解日本企业的这种癖好,但是没办法了解并赶超上我们,仅仅是一种带着希望的幻想.

有了两个产业,随后就出现了第三、第四个产业,钢铁、半导体、液晶等,都是以同样的方式败下阵来的.或许诚如所讲的那样"不是简单地就能追赶上来的",但是要知道"任何追赶都仅仅是时间问题"的这个自然法则.实际上,不得不考虑的一个问题是,最优秀的技术人员都被人家带走了,日本拥有的核心技术的细微之处不是都毫无保留地暴露给人家了吗?

或许有人说"全是日本制造"的话,也不一定能赢得产业上的胜利,但是照这样下去,我们只有眼看着日本被逆转的那一天的到来.

8.1.5 日本的材料生产商在"没有利益地忙碌"

说起来是非常遗憾的事情.在有机 EL 产业上,直到目前为止,日本一直以领军者的姿态向前开展着工作.可能有人会想"会不会有什么东西能够左右或阻碍有机 EL 产业的发展",我认为根本不会有这样的事情.和当时液晶产业一样,液晶能有现在的这种状况也是经过多年发展的原因.虽然话说得有些早,但

是按照这个趋势下去,有机 EL 会和液晶走同样的发展之路.并且韩国和中国台湾有许多和我持有相同观点的人.笔者和韩国、中国台湾的一些公司社长等经常会碰面,他们对迄今为止自己惯用的发展操作方法拥有绝对的自信.

另外,还有人可能认为"到最后或许日本会在有机 EL 的面板制造和模块上输给对方,但是至少日本的材料制造商是可以很好地赚钱的啊".其实这个观点也非常不可信.目前日本生产有机 EL 材料的企业有近 20 家了.尽管近来市场成长比较快,但是事实上 20 家材料生产企业也是太多了,没有那么大的市场蛋糕能让这些企业抢食.譬如液晶材料生产企业主要是默克和窒素两家公司,其实他们中的一个就能基本保证目前液晶产业的发展.

譬如,的确目前日本的出光兴产是最好的材料企业,但是一旦有其他公司开发出性能优于出光公司的材料,并且能做到以优惠的价格供应市场,那么这些材料的市场需求将会全部转到这种新材料上.有机 EL 材料市场就是有这样的一个特点.作为材料市场领域,其性能特点是决定因素,因此即便是最好的材料企业也不能掉以轻心.

总的来说,虽然目前出光兴产在将自己公司开发的一些特殊材料以高价向市场供应并牟取利润,[①]但因为这样的市场特征,今年赢利,明年却可能出现相反的经营效果.当前,尽管韩国、中国台湾的材料企业起步晚,但如果他们开发出了性能优异的材料,面板企业将有可能全部转到那里.基于这种考虑,日本如果不全心全意继续在材料研发上投入,现在的优势地位将难以确保.

同时,如果没有一个完备的专利战略的话,日本的有机 EL 产业就会很轻易地被击垮.在考虑日本的对抗策略之前,我想先触及一下专利问题.说到专利,首先不得不提及对于柯达、CDT 专利的对策.

§8.2 对柯达专利、CDT 专利的应对策略

8.2.1 日本具有专利数量的绝对优势,但会因为专利交换行为丧失核心技术

从有机 EL 的专利数量来看,日本占有绝对优势.(图 8.1)仔细研究会发

---

① 高价销售:一句玩笑话,有人戏称出光兴产的材料"比毒品还要贵".

现,日本有机EL产业方面的专利包含材料、面板构造、器件结构等核心技术方向,并且全都是能发挥自身传统优势的专利内容.这就意味着,就专利而言日本不输给韩国和中国台湾.但是让人感到为难的是,日本的电器制造企业大多都和海外的企业存在合作关系,结果就造成一些类似物物交易的商务形式,最终不得不演变成"交叉专利"的技术互换模式.

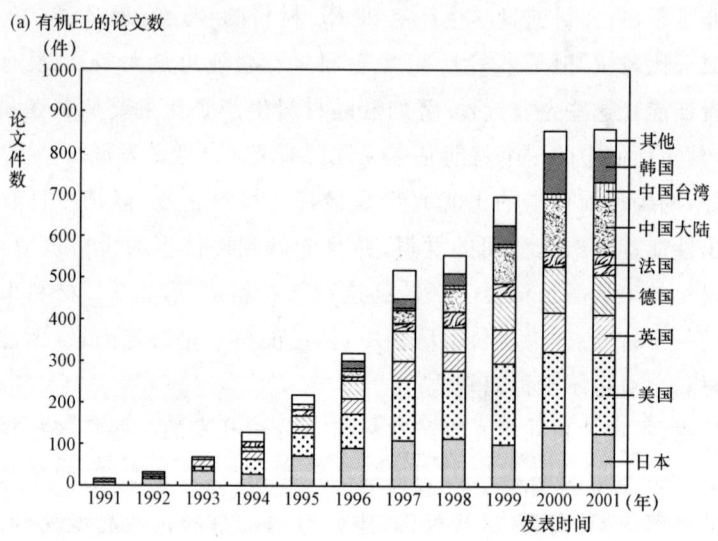

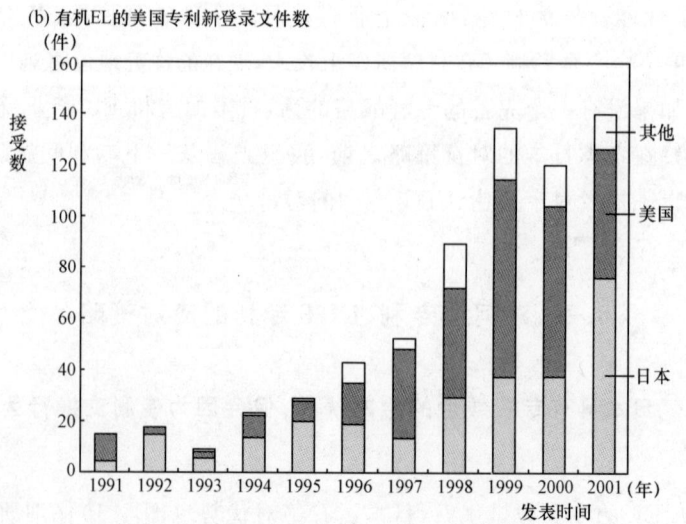

图 8.1　有机 EL 的论文、专利数

出处:日本经济产业省技术调查室《技术调查报告(第 1 号)》

举例来说,国内企业一些关于液晶的专利技术,很快就被韩国企业模仿了,最终结果使相关技术全部流失了.听说这类案件还无法形成诉讼.很多这样的案例,如果这边起诉了对方,对方会反诉我们,到头来还损害了商业诚信.总之,只要有商业活动,尽管说"日本的专利很厉害",但是至少对韩国没有一点效果.

专利战略只会对中国台湾有效果.譬如,中国台湾做 CD-ROM 的公司要发展有机 EL 产业,生产塑料的塑料公司也想投入到有机 EL 产业的话,因为彼此产业之间没有任何关联,所以专利的限制会产生一定效果.①

8.2.2 不存在无法规避的柯达专利

现在,人们常会说在有机 EL 方面不能忽视和规避的专利是

- 柯达公司的重要专利(小分子系),
- CDT 公司的重要专利(π 共轭高分子系).

对这个观点,首先,笔者需要大声更正:"柯达公司的授权专利确实重要,但不是基本专利."经常能从新闻媒体、报纸上读到"柯达公司的基本专利"的提法,这种提法是错误的.确实是重要专利,但请理解,它们"并非是不可规避的基本专利".

自 1960 年始,一直存在这种技术就是"像三明治一样叠加在一起的有机材料在电场作用下发光"的想法,这种想法本身不属于专利.那么,柯达公司当前掌握的专利是什么呢? 就是"把有机物做得非常薄,采用多层结构并使效率获得提升"的技术.膜厚 $1\mu m$ 以下,将空穴传输层、电子传输层等功能层叠加,这是在有机 EL 领域里一项重要的专利.笔者一直坚持的主张是"这项专利是可以规避的,不是基本专利,而是一项重要专利".而且,柯达的这项专利到 2003 年也就失效了.

那么,如何规避柯达专利呢? 首先,不采用如柯达专利中描述的小分子材料,采用高分子(聚合物)材料的话就可以了.如果非要使用小分子材料的话,可以放弃使用多层结构,努力开发单层结构器件.即使是单层结构,只要能开发出载流子注入平衡性好、发光效率高的材料,就没有什么可怕的.即便

---

① 通过专利来控制:实际上,时常有外国的企业家向我请教:"P 公司的专利让人很头疼,为了获得授权,该如何办呢?"从这件事中我们至少能够明白,专利虽不能成为万能的障碍,但是在某种意义上也有效地发挥了一定的作用.

是多层结构器件,对于多层的制作方法仍然有限定,因此也存在规避的可能性.

按照原本所谓基本专利的提法的话,那是一种非用不可的不可规避的专利,但是如果认真考虑规避方法的话,总应该有很多方法的.

"现在有机 EL 技术发展的主流是多层器件结构"的论点确实有正确意义,但是单层结构器件,或者也就是混合层结构器件(空穴材料和电子材料同时混合蒸镀,使两者都可以流动)等好几种结构方法都可以有效规避这样的专利结构.作为企业,拿出各自的智慧,在考虑规避方法的同时,合力寻找新的材料才是真正需要开展的工作.[①]

8.2.3 对待 CDT 专利的对策

另外一个就是所谓剑桥的专利,也被称为 CDT 的专利.和柯达专利使用小分子系材料相对,CDT 专利使用的是高分子材料.

但是,关于 CDT 的专利,用一句话总结的话,与其说是高分子(聚合物)体系倒不如说是限定使用 π 共轭聚合物的体系.这样的话材料使用范围被大大限定了.高分子材料有很多种(请参照第 6 章),不使用 π 共轭聚合物也没问题.因此,在使用高分子涂布的情况下,就必须要用到 CDT 的专利的说法也是没有根据的.规避的方法不胜枚举.

比如说,"使用高分子材料,采用涂膜方式可有效提高效率"是采用高分子材料的应用优势的话,寻找能够涂布的小分子材料不就行了嘛.如果一定要使用高分子材料的话,可以避免使用 π 共轭聚合物,比如使用像 σ 共轭高分子系[②]的高分子材料.此系列材料属于含硅系列的聚合物.虽然到目前为止我们还一直没有找到更好的材料,但为规避 π 共轭聚合物体系,使用 σ 共轭聚合物提供了一种思路.基于这个想法,笔者早在 10 多年前就在尝试使用含硅系列的聚合物,不过因为寿命比较短的原因,后来放弃了这部分研究.

8.2.4 使用低聚物或树枝状分子进行涂膜的方法

小分子和高分子分类的基本定义是:相对分子质量小于 1 000 的是小分

---

① 迄今为止,国内企业都看着柯达公司的论文,一味追随柯达公司的技术方式,并导入量产.说句不中听的话,持续的都是些缺乏创新的研究开发.不得不说,应该到对这种做法进行纠正的时候了.
② σ 共轭高分子系:目前,还存在对 σ 共轭高分子材料的研究,但笔者认为其难度非常高.

子,相对分子质量大于 10 000 的是高分子.但是还存在着相对分子质量介于这中间的材料.相对分子质量比小分子大,比高分子小,而且既不像高分子,也不像小分子,这样的物质被称为低聚物,或树枝状分子①材料.

因此说来,在有机 EL 方向上使用低聚物(oligomer)或树枝状分子(dendrimer)材料涂布,也许是最理想的了.(图 8.2)

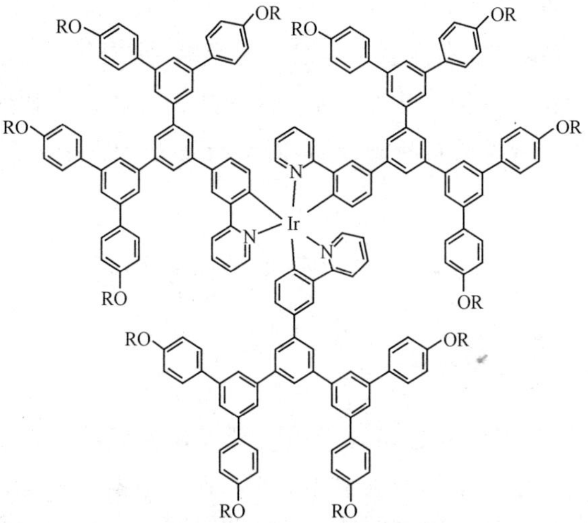

图 8.2 低聚物的结构

目前,这个领域还存在一些"难以明确"的微妙的地方.CDT 专利布局中,清楚注明的是聚合物,但是一般化学研究者认为低聚物或树枝状分子材料不是高分子,是小分子材料.因为教科书和研究人员认知的不同,解释上存在着微妙的差异.另外,为了有效地利用涂布技术的优势,如果将小分子材料很好地高分子化,就同样可以获得漂亮的膜了.顺着这个思路,会产生许多好的技术解决方案.

8.2.5 对色素掺杂专利的应对策略

前面提到的柯达专利在 2003 年就已经失效,但是柯达公司的重要专利中还有一项是关于色素掺杂的专利.②

---

① 树枝状分子:顾名思义,是指具有像树枝一样延伸结构的球状分子.有报道说,凸版印刷公司正致力于这方面研究.
② 有关色素掺杂的美国专利已于 2007 年到期.

所谓色素掺杂,就是前面提到的用于提高发光效率(内部量子效率)的技术,这是一个非常好的技术.要规避这个专利,需要寻找不采用掺杂而能够获得高发光效率的材料才行.没有掺杂而能获得高发光效率的材料已经出现了.现在掺杂是作为一般技术在使用,但是将来不使用掺杂方法的可能性还是有的.

所谓掺杂技术,其掺杂只有1%～2%的非常低的浓度,只要浓度稍稍有所变化,色彩调和度和效率都会受到很大的影响,使用起来会非常麻烦.也就是说,所谓"不用掺杂就能产生高效率的材料"正是面板企业所追求的.不需要掺杂就能产生高效率的材料的开发,需要相关企业的共同努力.

§8.3 集中研发的国家项目

8.3.1 将三支箭捆起来

到现在为止,日本企业总是处于独立开发研究的状态,并且日本国家政府通常一点都不会维护本国企业利益,使企业孤零零地独自作战.对日本企业而言,本国也好,国外也好,尽是敌人.这样的做法必定无疑地要输给对手.所以说,日本企业还是应该团结起来一起协作研究才行啊.

还有,有机EL产业的最终产品自然是显示面板.对有机EL来说,"材料起着决定性的作用",所以材料企业和面板企业也需要紧密地相互联合.

另外,将所有事情全部交给企业的做法也不利于产业发展.有必要组建一个以有机EL为中心的体制,有独立的场所、组织、人员,并且有必要建立一个围绕有机EL为中心的组织架构.为了解决这一切,日本从2002年开始便运作了"有机EL国家项目"[①].笔者担任这个项目组的组长.

这个项目最大的特点是,不仅集结了日本与有机EL相关的产、官、学的力量,还在产业领域,将材料企业、面板企业、印刷企业等代表日本有机EL的制造业的12家企业,以及设备制造企业包含在内的企业群集合在了一起.

项目的目标是制作"60英寸的有机EL显示器(电视)"、"柔性薄型显示器(电子纸)"等具体产品,实际上,更深一层的目标是期待建立各种不同制造

---

① 有机EL国家项目的全称是"日本经济产业省项目'高效率有机发光器件的开发'".

业间的横向联系.

一直以来,所谓国家项目的资金通常都是被分配给各个企业.各个企业独立地各自为战,其结果不但延迟了开发速度,最终技术上也往往被韩国和中国台湾赶超,5年后彼此之间便没有了多少差距,市场上产品也尽是韩国和中国台湾所产的.类似这样的传统做法的确有许多不合理的地方.

为了防止这样的事情发生,日本企业需要集结在一起,产、官、学联合,材料企业、设备企业、面板企业三箭齐发.如果不这样做,只能导致失败的结果.

8.3.2 采用集中研究的方式产生成果

所谓的国家项目一直以来就存在着.不过多数情况下体现的是分散研究的方式,被称为"分散研".这种所谓分散研究方式的项目,就是"一年内集结10亿日元的研究经费,10个企业参与,给予每个企业1亿日元的经费,并请各个企业面对各自的课题进行研究"形式的项目,没有特别设立项目组长.企业拿到钱并能开展工作倒是挺高兴的事情,但是各个企业根据各自好恶开展工作,往往不会产生出好的成果.这种形式的项目,最高兴的估计要数那些以推进研究为目的的企业老板和设备制造商了.

本次有机EL的国家项目确定为一种"集中研究的方式".大家都集中在大学里,从早到晚一起面对面地思考,群策群力,然后面对目标,从事材料开发、设备制作等工作.最终成果体现是生产制作出显示面板.材料企业、面板企业和印刷企业都聚在一起是本次项目的优势.

实际上,项目主要课题有三个.

• 山形大学——开发60英寸大型面板的制造工艺.高效率材料,高效率、长寿命器件的开发.

• 筑波产业综合研究所——涂布型高性能有机晶体管技术(下一代有机半导体技术).

• 千叶大学——蒸镀型高性能有机晶体管技术(下一代有机半导体技术).

当前的课题是以山形大学为中心开展的"大型有机EL显示器(电视)".这个项目如果能顺利完成的话,参与的所有成员将达到能够投入到60英寸面板制造的技术水平,同时能够采用大型玻璃面板制造小型显示器,从而实现显示器制造过程的低成本化的产业目的,以及达到制造和销售高效有机材料的产业目的.这些都是当前的课题.

本课题随后要解决的是有机晶体管技术的开发.这项研究主要由千叶大学和筑波产业综合研究所联合承担.所谓的有机晶体管技术(TFT),是指替代传统的硅,采用有机材料制作晶体管的技术.这项研究目前还属于未知领域,目的是实现采用有机 TFT 来驱动液晶模组,或驱动有机 EL 模组.现在的平板显示多使用低温多晶硅 TFT 驱动,有机 TFT 技术是开发主动式驱动有机 EL 显示器所带来的新的挑战和尝试.因为低温多晶硅 TFT 只能制作在玻璃基板上,如果为了制作终极的薄膜显示器(电子纸),TFT 驱动本身有必要也采用类似的有机材料,也就是说需要开发出有机 TFT.因此这项研究很值得期待.

以前的城户研究室,常年有约 20 多家国内外企业参与其中.如果有一些化学企业(材料企业)在这里创造出有趣的材料,我就会推荐他们去有关的电器企业现场对材料进行相应的测试,并获得反馈来的测试结果等.过去的城户研究室逐渐形成一种类似中介的角色,如此一来便与众多企业相互之间建立了和睦的联合关系.

有了这些基础,我相信到现在为止原本仅仅作为个人开展的项目研究,在变成国家项目的组织形式之后,会更加顺畅地开展起来.

8.3.3 被动式 60 英寸显示器制作的里程碑

当前,国家项目所给予笔者等的目标是研制 60 英寸有机 EL 显示器.但是需要明确的是,该显示所采用的技术不是主动式的,而是拟定采用被动式的驱动方式.还有,最初将采用大像素的 VGA 类型(和等离子显示相同),随后发展高清晰的显示器.

该项目决定全部采用"小分子蒸镀"的方案.首先要开发能在大面积基板上均一真空蒸镀的加工工艺.这样一来,制作 60 英寸显示器所使用的设备必然会比较庞大,因此还不得不考虑设备的紧凑性、实用性、低成本等各种因素.

既然已经决定采用"小分子蒸镀方式"的技术路线,在工艺开发初期,就需要考虑如何解决大面积基板蒸镀时材料的面内膜厚分布的均一性的课题.这个问题是不可回避的.譬如个人电脑所使用的显示器,大的也不过 20 英寸,表面亮度不超过 100 cd,而家庭用的 20 英寸电视机需要 300 cd 的表面亮度.也就是说,即使是相同尺寸,个人电脑用的显示器因为是近距离观看,亮度低一些也没有关系,但是作为电视机,因为是远距离观看,亮度是必须要高一些的.对于60英寸的显示器而言,则需要500 cd的表面亮度.因为对器件的高亮度的要求,所以同样的发光器件,寿命就会相对缩短.也就是说,大面积显示器所使用的发光器件,其寿命必须比通常的器件寿命更长.器件的发光寿命,在2003年1月的现在,能达到数万小时的水平.因为我们总是不断地开发出新的材料,3年后预期寿命能达到数十万小时.① 这样的话,即使是100英寸的有机EL显示器,其寿命也将不会成为问题.

§8.4 有机EL产业集群是对企业的支持

8.4.1 国家项目的县内支持与配套

国家项目的确非常重要,但是仅仅依靠这些,对于培养有机EL产业来说还远远不够.为了扩大项目成果,地方有必要设立相应的其他项目与之配合,补充并支持国家项目发展.因此,就需要设立一个"县内的有机EL项目"机构.在这个问题上,不仅是有机EL,其他如液晶、发光二极管等许多产业也是这样.因此,我们便就包含有机EL在内的有机电子产业关联的"山形县有机电子项目"规划进行了提案.一言以蔽之,是出于将山形县打造成"有机电子产业集群基地"的构想.

如同早年推进的在青森县、三重县形成的液晶产业集群,在静冈县形成的光电子产业集群的规划一样,我们设想在山形县建立一个有机半导体的产业集群.这样可以让各县招商引资并发展具有自身特色的一些产业,同时培育县内的中小企业,使县内经济更具活力.

为了实现这个目的,首先需要在县内建立能够发挥中心作用的研究所,各个企业不同类型的人才集中在研究所内,在研究所的体制下,补充并完成国家项目研究开发课题,同时进行具体的产品开发、半导体器件研发等工作.这是集结更多社会力量,参与产业开拓的工作.这样做的首要目的在于弥补产业性基础研究不足的问题.这个问题在最近,即使在大企业的中央研究所内也存在重视不够的问题.如果企业只关心当前面临的课题而不进行更多的

---

① 数十万小时寿命相当于,在每天点灯8小时情况下,可持续使用100多年.

基础研究,很难说10后、20年后仍能保持足够的竞争力.

我认为有必要使日本各县都能建立自身擅长的产业链联合研究所.该研究所同时扮演该项产业全日本中央研究所的作用.具体到有机EL,在山形县所建立的有机电子研究所,从事所有涉及有机半导体方向的研发工作,发挥全日本这个产业的中央研究所的功能,有机EL相关企业将优秀的研发人才集中在这个研究所体制下,共同研究并产生成果,在需要的时候相关的产业化技术、技能等成果将被转移到一般企业或企业的中央研究所.对于这个机构,不仅仅是县内,国家也进行投入.全部的资金毫无浪费地获得使用,并有效地推进各项研发工作.参加这个体制的大企业可以对最尖端的有机半导体技术进行研究,中小企业则可以利用研究所的设备,从事产品开发方面的尝试.迄今为止,有机半导体的研发初期投入都会比较大,属于一般的中小企业无力涉足的产业.但是如果是集中研究体制的话,中小企业的技术工人也有机会充分参与产品开发,而大企业原有的尖端技术能够获得更高的提升,必定可以创生出更多的风险投资机会.

这样一来,企业一方可以大幅度地缩减研发费用的投入,同时也可以间接获得国家和县给予的提供研发补偿金的支持.这个体制不同于过去所有研究,包括基础研究和产业研究都由企业独自承担的传统做法,其相当的部分由国家和县政府来承担,从而使日本企业具备更强的竞争力和活力.

8.4.2 促进有机照明企业的诞生和发展

有机EL产业集群的构想中,显示器以外的另外一个值得期待的应用是替代白色荧光灯管的有机EL照明.

新兴的有机EL照明企业通常需要国家和县里的支援,但是在这个共同研究的体制下,可以将低成本量产的有机EL照明用白光面板以低价格向中小企业提供.对中小企业而言,有机EL的白光面板因为其种种优点,可以尝试在家庭照明中应用,或作为显示屏的背光源使用,或用于手表的背光源.

这个体制或关联企业,因为能够为中小企业提供零件或配套服务,也可以看做对中小企业的一种支持.国家支持中小企业发展的政策往往是采取提供补助金的形式,但是真正对中小企业的支援,重要的是创造能够使中小企业生产既便宜又好的产品的环境.在这个共同研究的体制下,可以将像薄膜一样薄的显示器技术,白色有机 EL 面板技术等转移给中小企业,并让他们集中思考开发一些新的产品应用.这些都体现了对中小企业的支持,并且都是中小企业思考的范畴.

对有机 EL 产业而言,国家项目往往是针对大企业的.而对于中小企业,有山形县内的项目(包含新的公司).目前存在这两种不同的形式.

日本企业当前有必要联起手来,共同研究并努力参与到制造业之中.为了这个目标,建立了国家项目,以及代表地方的县内的产业化项目等相应的配套项目.不难看出,如果仅仅依靠一家企业的单打独斗,未来必将输掉有机 EL 产业这场竞争.

§8.5　日韩企业经营者的不同

8.5.1　让能够承担责任的人占据经营者的位置

我认为,首先只有改变经营者本身,才能使日本企业在 21 世纪的竞争中获得优势.通常那些主导企业经营的人会获得高额的工资回报.作为交换,他们也必须相应地承担更多的责任.有必要让那些自上而下能做出正确判断,并富有责任心的人占据公司领导的位置.

笔者不仅和日本企业中的高层,同时也和韩国三星,以及中国台湾企业的高层经常进行接触.他们和日本企业高层的素质完全不同.

作为日本的电器企业,最能体现特点的是,当 A 公司进入 X 产业的时候,其他公司也都一起进入 X 产业方向;B 公司进入 Y 产业方向的时候,其他公司便跟风参与 Y 产业的竞争.作为公司高层,进行这样判断的理由是担心日后被追究"为何当初没有参与这个产业呢"的责任,所以不管三七二十一先进入并参与了再说,谨防日后遭人诟病.像液晶电视、等离子电视一样,如果有企业取得相应成功的话,就会有其他公司跟风而上.其结果是,原本有着良好发展前景的市场,因为过度的竞争,变成没有一个公司赚钱的营生,无论哪家都不能收回最初的投资.在过度竞争中承受痛苦与压力,于是,各企业为了寻求更低的生产场所,便相中了中国台湾,而又将这种竞争延续到中国台湾……日本企业总是在不断地重复这样的事情.但是夏普公司是一个相反的好例子.夏普公司当初好像赌博一样专注在液晶技术上,托这种执著信念的福,赢得了"说起液晶,当然是夏普"的美誉.像这样的日本企业的确太少了,并且也极其出色.

但是,令人遗憾的是,许多日本企业到现在还无法对"我们要干什么,我们不要干什么"做出正确判断.有这样的大公司,侧目看到夏普的成功,就认为"我们也有显示器制造技术的","我们也是有历史的",于是便紧跟着参与其中.其结果,因为既不能生产制造低温多晶硅(TFT),又输于成本竞争,最终只能把这项产业连同技术卖给其他国家.就这样收手不干了吧,这次却又看到IBM在信息服务行业的成功,于是想"通过搞服务赚钱",然后便落得从液晶到半导体整个产业全卖掉的结果,索性干脆从制造行业中把脚洗干净撤出.咳,都是些没出息的话.

8.5.2 一旦做出"可行"的判断便一气呵成参与竞争的韩国企业

韩国企业的高层完全不一样,他们比关注同行其他企业的动向更多思考的是"这个行业是否可行".彻底研究过行业发展后,便一口气进入,然后是"研究、开发、商品化"的一气呵成.用疾风怒涛来形容韩国的经营者再合适不过了,他们往往能迸发出让人感到恐惧的一种干劲.他们对不同类产业分别采取或全力以赴为之,或仅仅静观其变的态度,不会错误地扩大经营.他们能明确区分"从事的产业和不从事的产业",并有效推进事业发展.

然而日本企业从过去开始,就遵循对于参与的行业一点点地投入的做法,只有当感觉到竞争成败的时候,才会下决心大规模投入并参与胜负角逐.对一个产业,无论是进入或者不进入,多仰赖公司高层的判断.但是不得不说"公司高层的资质也有不同"的啊,看来只能把赌注下在公司的运势上了.

对有机EL产业来说,日本公司中开展相关研发的企业是先锋公司.作为先驱,先锋在1997年便实现了有机EL技术的产品市场供应.

先锋公司原本是制造音响的企业,但是考虑到今后在国内能否发展与视频相关的产业的时候,便选择了等离子(PDP)和有机EL作为突破口,全力展开研发.正因为当初的产业投入,才有了世界上第一个有机EL产品的面世.同时东北先锋在有机EL产业上也自豪于日本第一的产品成品率.先锋公司正如它的名字一样,是这个产业的先驱.

高层自身是否具备能够看穿"应该干什么好"的能力,是否具备判断参与或不参与某项产业竞争的能力,这需要"把握机会的敏锐触觉和决断力".日本企业大多数经营者所表现出的资质不足是不争的事实. 如果采取和其他公司相同的行动, 即使有一块大馅饼, 大家一起分着吃的话, 最终也不会有好结果.

说到这里, 想起来松下和东芝合资组建的企业(东芝松下显示技术). 当初他们合作从事液晶和有机 EL 产业, 表面看来是要下决心不分你我地一起合作, 但是总让人有行动迟钝的感觉.

8.5.3 日本企业只有依靠"这个"才能取胜

对笔者来说, 我衷心希望那些从一开始就对有机 EL 技术从事辛苦研究的日本企业能在这项产业上获得成功. 笔者认同日本企业"技术力世界第一"这种观点, 但是努力研究的成果如不尽快使其产业化, 就这样地放在那里, 日后"输掉了的竞争"的那天必将如期而至. 半导体和液晶产业是两个先例, 恐怕有人能看出来, 有机 EL 可能将步其后尘成为第三个悲剧.

那么, 到底日本该如何取得这场角逐的胜利, 如何从日本企业通过努力获得的成果中取得实际利益?

用一句话总结的话, 就是除了获得"国家的支持"以外没有别的办法. 韩国也好, 中国台湾也好, 税收上面都有优惠政策, 但是日本却没有, 实际上税率在发达国家中也是最高的. 这样一来, 不仅仅存在人工费的差异, 税收方面也会造成生产成本的提高. 就像美国那样, 如何发展显示器产业, 国家层面上必须有所认识.

这次的国家项目, 在 3 年前就被提上了日程, 结果等到 2002 年才终于开始实施. 如果能提早到 3 年前实施的话, 研发工作就能被提前推进, 对外, 就能形成明显的优势. 所以从时间上来说, 这次的国家项目有在十分紧迫情况下不得不开展起来的感觉.

不仅仅是时间问题, 资助金额也少, 每年满打满算也就 10 亿日元的预算. 三星公司一个公司的利润在 4 000 亿～5 000 亿日元之间, 单独一家就能自由自在地投资于这个产业. 这个差额非常的大.

在日本, 人们往往认为半导体产业是根本, 动辄便会有数百亿的投资项目. 这个也就算了, 对于显示器产业而言, 国家战略上同等的认同非常重要. 但是一年仅仅 10 亿的投入, 总让人觉得有些悲凉. 投资上绝对不划算的高速公路建设项目, 只能使子孙背负沉重的负担. 如果不将这样的项目建设资金,更多地投资到制造业上的话,未来的日本会非常的危险.

8.5.4　以县为单位的支持也非常必要

不仅仅是国家层面,县级层面的意识也需要进行变革.

从山形县开始,在整个日本东北地区,企业总是在不停地倒闭.原本,山形县因为薪资比较便宜,被认为如果在这里建工厂的话,有望产生低成本,所以赢得了一些产业发展机会.但是,现在在中国、泰国、越南、菲律宾建工厂的话,会更加便宜,所以在东北地区建厂的原动力就变低了.今后,恐怕比起吸引企业进入东北建厂的可能性,企业将迁出东北地区的可能性会更大.县厅一级政府已经开始忧虑,并考虑如何应对这个问题.

所有解决这个问题的方案中,我感到比较有意思的是青森县的做法.青森县原本设想吸引液晶产业进入青森,但是却败给了三重县,事到如今才认识到青森县再也看不到液晶产业了.①青森县的方案是,对于在特定的区域(陆奥湾地区)进驻的企业,提供所需要的工厂用地、工程设备等,相应费用全部由青森县承担,费用的返还采用租赁的形式.也就是说,作为企业无需从银行借一分钱就能顺利开展事业.

所以,我主张和青森情况相似的山形县也采取同样的政策,特别是在山形中部的米泽市实施这样的优惠.从米泽到东京只有 2 小时的车程,属于单日往返的东京活动圈,是县里地理位置最好的地方.说到米泽,米泽牛也是一等的美味佳肴.

具体来讲,可以考虑在米泽所建立的代表山形县内项目的有机电子研究所(国家集中研究机构)的周围,划出专门的工厂用地,建立出借工厂,对于进驻的企业采取最初 5 年免税的政策,对借用这些工厂的企业采取低额租金的优惠.有必要的话,像青森县一样,工厂所需的设备先由县财政全额负担,只要随后企业能归还上这些费用就行.果真能这样的话就太好了.

研究所里汇聚所有的智慧,并拥有完备的制作有机 EL 的设备,能达到这种状况的话,企业就会不断地集聚到山形县,最终,将间接产生国家和县里对企业提供帮助的效果.

---

① 事到如今才……:这一点和日本公司的社长们一样,自己本身没有充分认识产业的眼光,只是一味追求"对流行的产业进行招商引资".应该意识到无论哪里统统都在对相同的产业进行招商的这一可笑现象.

或许是偶然，作为有机 EL 企业优秀代表的东北先锋公司在米泽建立了有机 EL 量产制造工厂．和先锋米泽工厂隔一条马路的则是旭硝子科技公司的 ITO 基板制造工厂．米泽同时拥有专门从事有机 EL 研究的大学．有基板工厂，有量产工厂，有从事基础研究的大学机构，如果再能有一个象征高科技研究的尖端研究所和出借工厂的话，有机 EL 关联企业就很容易在这里集聚．

所以无论是国家还是县，如果能对企业进行充分帮助的话，日本的企业将会更加有活力，并能更好地在地方上生存下去．

§8.6 应该更善于使用大学的智慧

我想说的一句话是，企业应该更善于使用大学的智慧．在大学拥有博士学历的人有很多，假如企业想开发某种新材料，并为此给大学的研究室提供 1 000 万日元的研究经费，就会有十多名学生不辞辛劳地专注于这项研究．与此相比，对于企业而言，即使一个新入职的公司职员，企业每年也需要付出 1 000 万元左右的费用，而这样的年轻职员在企业里的头三年内不可能产生出像样的成果．可是如果委托专业从事有机合成的大学老师的话，只要打声招呼就行．

8.6.1 正因为是中小企业才应该灵活利用

最近大学老师的意识有了很大的变化．原本有并不认可同企业进行产业研究的风气，但因为最近文部省的强力推进，他们在对待企业的姿态上明显降低了许多．但是对于中小企业而言，可能还是认为大学是一个非常难以进入的地方，或许会担心有人说"这个中小企业的老头跑来干啥"．其实根本不需要有这个想法，有任何问题，随时请叩门进来．不这样的话，太可惜了．我们是靠你们税金养活的人，你们应该更善于利用大学的资源．

对学校老师而言，一旦中小企业提出"想在这方面进行研究"的要求的话，是义不容辞的．确实会有一些费用产生，但总比租用自己公司的人从事研究要便宜得多，并且会压缩时间成本．和大学一起开展研究的话，具有压倒性的好效果．大学老师不会漠视企业社长低下头来的恳求的．如果有这样的人，根本也没有交往的必要．

即使是同样的有机 EL 技术产业，也请认真调查哪个大学在从事高分子

(聚合物)系材料的研究,哪个大学在从事被动式驱动技术的研究.对自己需要的学校进行研究委托,这必定比自己公司里组织三两个人的研究方式效果要好,也要快.所以说正因为是中小企业,更应该活用这种资源.

8.6.2 给海外研发机构撒钱的企业愚蠢至极

在日本的大企业里,存在不知用意地给学校遍地撒钱的公司,特别是给海外一些所谓的知名大学里撒钱的尤其多,这真是愚不可及的行为.其实这反映了日本人对自身的不信任,不能对自身的实力有正确的判断.譬如以研究费的名义,给麻省理工(MIT)数亿日元、加州大学圣巴巴拉分校十数亿日元等,这样的做法的经营者或担当者,真正用意是为了逃避责任.和 MIT、斯坦福,或者是和哈佛等学校联手合作的话,如果没有产生出什么成果,就会说"即使是哈佛,也没有出好的成果,这真是很让人无奈的事情啊".然而假如是和山形大学合作的话,没有出好的成果,担当者就会被追究责任的.但是要知道,如果和国内的大学一起合作的话,国内大学的研究水平也会相应提高,知识产权当然也会留在国内.

对这个问题,我们稍加考虑的话,对比海外的机构,应该对自己国内的机构更多一些信任.

§8.7 结尾:体验新的胜利感觉

笔者经常性地和 20~30 个公司进行共同研究,或者从事为其担当顾问的工作.事实上,让我吃惊的是,这些不同的合作伙伴往往同时在从事着近乎相同的工作.A 公司在做,B 公司也在做,大家在同一个时间从事着同样的工作,随后的 C 公司的研究是在重复 B 公司 3 个月前验证的失败,这其实是因为选择的问题.目睹这种情况,有时候,我真想把 B 公司的数据直接拷贝给他们了事.

大家在重复相同的工作,简直太浪费了,同时也是时间和人力的流逝.

一种理想的情况是那样的,假如某项研究 A 公司在推进的话,最好能够共享他的研究成果.B 公司、C 公司在其他方面从事研究,然后和 A 共享各自的研究成果.也就是说应该建立一种横向联合,这也就是本书多次建议的关于有机 EL 国家项目的构想.所以,这是更好地有效推进研究开发的第一要点. 第二要点, 是各自体现彼此擅长的技能. 把三支箭绑在一起的话, 才能真正发挥力量. 第三, 设立远大的目标, 并实现这个目标, 而且使在实现这个目标过程中所产生的技术、专门技能等可以不断地向民间企业传授.

8.7.1 以实现终极的显示器为目的

那么, 实际上需要做哪些工作呢?

- 60 寸的大型显示器,
- 主动式驱动薄膜般超薄的全彩色显示器.

当前, 在日本不存在梦想"现在就开始实现"这两个大目标的企业. 所有有机 EL 关联企业, 总是为了眼前的工作疲于奔命, 还没有人关注这样的梦一样的目标. 如果为了这个目标, 各个企业能从事横向联合, 都认真地拿出自己擅长的技能, 共享各种情报资源, 有效利用国家的资金, 直至达到成功, 其结局, 就会像阿波罗登月计划一样, 最终实现迄今为止人类谁都不曾有过的"终极的显示器".

在达到这个目标的过程中, 会产生出其他许多技术, 比方说会产生使用大型基板的真空技术. 如果能使用上这项技术, 当前的产业也可以实现低成本化, 并且也能推进材料研发.

在实现最终目标的过程中, 每天都会产生新技术、专有技能以及新想法, 对企业而言可以不断地享受这样的成果, 并且对既定的目标方向而言, 比其他国家能够更早地达到目标.

实际上, 在确定了这个目标之后, 花 5 年时间专心于这项研究的话, 不仅仅是"5 年后"的事情, 对现在的事业也会产生正面的效果, 对将来来说更会有许多益处.

通过这个"5 年规划", 可以在 5 年后实现 60 英寸的显示器或能弯曲的显示器. 作为项目而言, 不是为了实现产品销售, 而是实现具备商品化能力的技术. 假如有企业不是为了样品, 而是想实现技术的产品化, 只要出钱投资就能达到目的.

8.7.2 实现真正的日本复活

有机 EL 产业今后发展的形势如何, 取决于国家以及县是否认真地对待这项产业. 如果企业各自为战的话, 其结果因为人工成本的问题, 最终只能把工厂迁到中国或者新加坡.这个时候,日本的某个特定企业或许因为在中国台湾或越南设厂赚了钱,但是却不能做到国内生产,从而造成失业者增加的本末倒置的结果.

"日本需要依靠有机 EL 复活"的这个命题,含义包括"采用日本的设备,在国内建立生产工厂,日本人在这个工厂里工作,采用日本公司的材料,生产的产品实现世界畅销"等方面,只有这样才真正意味着日本的复活.

假如是国家的资金多并且盈余充分的话,在这里那里建设高速公路倒也无可厚非.但是,仅仅依靠大规模基建的帮助,无法实现日本的再生.不对制造业进行扶持的话,日本的复活是不可能的事情.应该更加认真地考虑日本制造业的问题,不向制造业注入资金的话,日本是无法生存的.所谓让地方更具活力的意义,不在于投资基建.对制造业投资,则会使其有望永远存续下来,同时可以创造更多的稳定就业机会.这种情况下,不是仅仅说"我们有建设工厂的土地,无论什么产业都可以,来吧",作为各县,应该认真思考的是"自己的县拿什么生存下去",需要决定"自己的县就干这个"的方向.比方说,山形县是有机半导体,三重县是液晶,静冈县是光产业,岐阜县是中微子等,体现出各自的特色,而不是 A 县在搞液晶,那么我们也搞液晶,寻找我们县的液晶产业基础在于什么的答案.真希望能够看到各县通过各自的手培育出某些好的产业来.

县里应该下定决心,思考把怎样的产业集聚在自己的地方,并且完善能使企业自动集结在当地的环境.因此,地方的意识不进行变革的话,国内的工厂会渐渐地都流失掉.

2003 年 1 月的现在,日本的有机 EL 产业拥有世界一流的技术.毋庸置疑,日本企业的实力也是世界最高水平.这个有机 EL 技术不仅仅是下一代显示技术的主流,还有望成为"下一代产业的核心".

现在,不能放过这个取胜的机会.然而对于这个目标,企业、县、国家不专注于这个目标并稳步推进的话,就会使这个产业成为第二个液晶产业.也正是当前,难道不是让我们体验实现产业成功的好机会吗!我希望能有更多的人和我一起,为实现这个目标进行不懈的探索.

缩略语简表

AM	主动式	LED	发光二极管
a-Si	非晶硅	LUMO	最低空分子轨道
CD-ROM	只读光盘	NTSC	(美国)国家电视标准委员会
CES	消费电子展	OLED	有机发光二极管,有机 EL
CPU	中央处理器	OPC	有机光导体
CRT	阴极射线管,显像管	PDA	掌上电脑
CVD	化学气相沉积法	PDP	等离子显示器
DNA	脱氧核糖核酸	PM	被动式
DV	数码摄像机	RGB	红绿蓝
DVD	数字多功能光盘	SID	美国信息显示学会
EL	电致发光	SNMD	三星 NEC 移动显示
FA	工厂自动化	STN-LCD	超扭曲向列液晶
FED	场发射显示器	TFT	薄膜晶体管
FM	调频	UV	紫外线
HOMO	最高占有分子轨道	VF	荧光表示管
IC	集成电路	VFD	荧光显示器
ITO	铟锡氧化物	VGA	一种视频传输标准
LCD	液晶显示器		

主要公司和商企

中国大陆：京东方　和辉光电　维信诺　北方奥雷德　华星光电　天马　彩虹集团　长
　　　　虹　虹视　信利　TCL　南京第一有机光电　广州新视界　深圳清溢光电
　　　　（SUPERMASK）　允升吉电子　烟台万润　西安瑞联　阿格蕾雅
中国台湾：AUO　Lumtec　Nichem　Rit Display
欧洲：CDT　Epson　Merck　Novaled　Osram　Philips　Plastic Logic
美国：Corning　DuPont　E Ink　Kateeva　UDC
日本：出光兴产　三菱化学先锋 OLED 照明（MPOL）　松下出光 OLED 照明（PIOL）　索尼
　　　凸版印刷　夏普　旭硝子　DNP　Japan Display　Konica　Minolta　Tokki　ULVAC
韩国：LG　Samsung　Sunic System

译者后记

自从 20 年前薄膜有机电致发光二极管（organic light emitting diode，OLED，也就是原著中的"有机 EL"）被发明以来，该技术已经取得了惊人的进步．OLED 被认为是下一代超薄平面显示器的新星．由于具有快速响应、面发光和低能耗等特点，它必将成为液晶显示器、等离子体显示器等强有力的竞争对手．1997 年日本先锋公司率先实现了 OLED 的实用化．如今绝大部分的国际知名电子公司，比如三星、LG、京东方、爱普生、索尼、日本先锋等，甚至连液晶的先驱者——夏普公司都投入到了这场如火如荼的技术竞赛中．2005 年韩国三星公司制作出了当时世界上最大的单片 40 英寸 OLED，2007 年日本索尼公司推出了 11 英寸的 OLED 电视机商品，特别是最近三星的采用 OLED 显示屏的手机，LG 的 55 英寸及 77 英寸 OLED 电视等商品的出现，更加让大家感觉到了有机电致发光平面显示器时代的来临．

中国大陆现在有京东方、和辉光电、维信诺、北方奥雷德、华星光电、天马、彩虹集团、长虹、虹视、信利、TCL、南京第一有机光电、广州新视界等多家企业已经或者正在计划加入到这一热潮之中，科研院校更是争先恐后，大家正在与日韩、美欧等国开展一场高科技竞赛．中国台湾的企业在这方面已经跑在大陆企业的前面．有机电致发光技术很可能引发一场显示器及面发光照明技术的革命．

翻译这本书的目的主要是我们几个在日本留学多年，从事有机电致发光研究的人员（其中多人曾为日本有机 EL 国家项目"高效率有机发光器件的开发"的成员）想给国内 OLED 领域的研究者、企业研发人员提供国外,特别是日本在这方面的信息.目前我们也均已回到国内继续从事这方面的研究,期望给国内 OLED 领域的研究贡献微薄之力.虽然原著是 2003 年出版的,但是其中的一些观点及信息并未过时,特别是提到的有关日本企业的对策也同样适合国内的公司.参加本书翻译工作的有南京邮电大学的李崇副教授、山东科技大学的李廷希教授、华南理工大学的苏仕健教授、上海大学的魏斌教授,以及北京大学的肖立新教授与陈志坚教授.在不影响原文意思的基础上,译者把原著中序章改为第 1 章,原著中第 1 章改为第 2 章,其余以此类推,同时为表示方便,将原著中的图表均增加了序号.

本书的顺利出版要感谢北京大学出版社的国家出版基金项目《中外物理学精品书系》出版计划的支持.

肖立新　陈志坚

2015 年 1 月

于北京大学物理学院